Ramón Gisbert Mullor
Diego Gómez de Barreda Ferraz

Introducción a los cultivos hortícolas

edUPV

Universitat Politècnica de València

Colección *Académica* http://tiny.cc/edUPV_aca

Para referenciar esta publicación utilice la siguiente cita:
Gisbert Mullor, Ramón; Gómez de Barreda Ferraz, Diego (2025).
Introducción a los cultivos hortícolas. edUPV

© 2025, edUPV (Editorial Universitat Politècnica de València)
Venta: www.lalibreria.upv.es / Ref.: 0248_09_01_01

ISBN: 978-84-1396-308-2
Depósito Legal: V-618-2025

Imprime: Byprint Percom, S. L.

Si el lector detecta algún error en el libro o bien quiere contactar con los autores, puede enviar un correo a edicion@editorial.upv.es

edUPV se compromete con la ecoimpresión y utiliza papeles de proveedores que cumplen con los estándares de sostenibilidad medioambiental https://editorialupv.webs.upv.es/compromiso-medioambiental/

Impreso en España

Prólogo

La horticultura es una pieza clave en la agricultura valenciana. En Valencia destacan los cultivos de patata y cebolla tempranas, la alcachofa, diversos tipos de coles, la lechuga, la chufa en la comarca de L´Horta Nord, cucurbitáceas como la sandía y la calabaza, y el tomate. Todos estos cultivos forman parte de un sector en constante evolución, que combina tradición e innovación para responder a los retos del futuro.

Este libro nace con el objetivo de ofrecer una introducción clara y accesible a la horticultura, de tal modo que no solo se presentan los fundamentos técnicos, sino que también se destaca la importancia de estas producciones en el contexto agrícola español, especialmente en términos de sostenibilidad, innovación y adaptación a los cambios globales, elementos clave para el futuro de la horticultura.

Está especialmente pensado para los estudiantes de la Universitat Politècnica de València (UPV) y tiene como objetivo principal servirles de guía durante su formación académica, pero también es de utilidad para cualquier persona interesada en comprender los principios básicos de la horticultura.

El contenido del libro está organizado en cinco capítulos, que cubren desde los principios básicos de los cultivos hortícolas hasta aspectos más específicos del manejo agronómico.

En el primer capítulo, se explica la diferencia entre los cultivos herbáceos extensivos e intensivos, y se ofrece una visión general sobre la tipología de explotaciones hortícolas en España, incluyendo los datos estadísticos más relevantes y las principales fortalezas y debilidades del sector hortícola español. Este capítulo sirve como una introducción al contexto en el que se desarrollan los cultivos hortícolas.

El segundo capítulo se centra en las técnicas de preparación del terreno y la implantación de los cultivos. Aquí se abordan aspectos fundamentales como el laboreo, la fertilización de fondo, la aplicación de herbicidas, la siembra y la plantación, que son esenciales para garantizar una buena implantación de los cultivos.

El tercer capítulo se dedica a las labores intermedias que se realizan durante el ciclo del cultivo, como el aclareo, la reposición de marras, el aporcado, el riego, la fertilización de cobertera, el entutorado y el uso de plásticos, entre otros, que ayudan a optimizar el desarrollo de los cultivos y mejorar el rendimiento.

El cuarto capítulo profundiza en los aspectos de sanidad vegetal, que son esenciales para el manejo de los cultivos hortícolas. Este capítulo se enfoca principalmente en el control de malas hierbas y las fisiopatías más comunes que afectan a estos cultivos, mientras que otros aspectos como la protección contra plagas y enfermedades son tratados de forma más ligera pues se imparten en asignaturas complementarias.

El quinto y último capítulo aborda la recolección del cultivo y las técnicas de conservación del producto cosechado, fundamentales para garantizar la calidad del producto a lo largo de la cadena de distribución.

Al final de cada capítulo, se incluyen una serie de cuestiones que permiten a los estudiantes reflexionar sobre los temas tratados y aplicar lo aprendido en situaciones reales. Este enfoque, más práctico y dinámico, fomenta un aprendizaje activo que facilita la comprensión de los conceptos.

Los autores esperan que el libro pueda resultar de gran interés para los estudiantes y profesionales del sector, así como para cualquier lector interesado en estudiar el campo de la horticultura.

Los autores.

Índice

1
Generalidades de los cultivos herbáceos intensivos u hortícolas

1.1. Introducción

Los cultivos herbáceos (cereales, hortícolas, forrajeros, etc.), al contrario que los leñosos (frutales, olivo, vid, etc.), son aquellos que no presentan consistencia leñosa y normalmente se cultivan de forma anual, es decir, que su ciclo de cultivo desde la implantación a la recolección dura menos de un año. Aun así, esta distinción entre cultivos herbáceos y leñosos no es del todo perfecta, hay excepciones, algunos cultivos herbáceos cuya duración de su ciclo excede del año, como la alcachofa (2-3 años) o el espárrago (10-12 años) o muchos de los cultivos forrajeros (alfalfa, *ray-grass*, etc.) e incluso hay cultivos herbáceos que en su madurez muestran sus tallos principales con una consistencia un tanto leñosa como el pimiento o el algodón.

Los cultivos herbáceos suelen clasificarse en cultivos herbáceos extensivos (en adelante CHE), que son aquellos que se cultivan normalmente en régimen de secano, en grandes superficies y con un bajo nivel de utilización de insumos (agua de riego, fertilizantes, mano de obra, etc.) y los cultivos herbáceos intensivos (en adelante CHI) que presentan características contrarias. Estos últimos son también llamados cultivos hortícolas. Sin embargo, hay algunos cultivos herbáceos, que dependiendo de la zona donde se cultiven, podrían ser incluidos en un tipo u otro. Así pues, la patata en el centro de España se cultiva en grandes extensiones y suele ser considerado un CHE, mientras que en las zonas litorales del Mediterráneo se cultiva en pequeñas parcelas y se considera un CHI u hortícola. Otros ejemplos podrían ser los cultivos de la alfalfa o del maíz.

Según el *Diccionario de la lengua española*, la *horticultura* es el 'cultivo de la huerta o huerto', que, según esta misma fuente, es un 'terreno de corta extensión, generalmente cercado, en el que se cultivan verduras, legumbres y árboles frutales'. Esta definición de horticultura y huerto es excesivamente generalista, para nada acorde con la presente asignatura, pues incluye cultivos leñosos. Además, resulta un tanto arcaica, ya que recuerda los huertos de subsistencia en ambientes rurales de antaño.

Una buena definición de horticultura, adaptada a los tiempos actuales y a esta asignatura, podría ser: el manejo intensivo de cultivos herbáceos en superficies más o menos pequeñas, por lo general en regadío y normalmente delimitadas por estructuras artificiales (acequias, invernaderos, vallados, caminos, etc.).

Finalmente, es necesario distinguir lo que en el resto del mundo se entiende por horticultura, en contraposición con la concepción que se tiene en España, como se ha expuesto anteriormente. En otros lugares del mundo, la horticultura engloba también el cultivo intensivo de árboles frutales u otros grupos de especies vegetales. Así pues, la horticultura a nivel mundial suele englobar a:

a) Olericultura: Parte de la horticultura que se dedica al estudio y manejo de hortalizas.

b) Fruticultura: Parte de la horticultura que se dedica al estudio y manejo de árboles frutales.

c) Floricultura: Parte de la horticultura que se dedica al estudio y manejo de flor cortada y plantas ornamentales.

En cambio, en España el término horticultura podría ser similar al de olericultura.

1.2. Diferencias entre cultivos herbáceos extensivos e intensivos u hortícolas

En España, existen grandes diferencias entre estos dos grupos de cultivos, algunas de las cuales ya se han comentado en la introducción, y que se detallan a continuación:

1.2.1. Tamaño de parcela

En general, el tamaño de parcela en los CHE en España es elevado, mientras que el de los hortícolas es de pequeño tamaño, siendo este último aún menor en determinadas zonas como en la huerta de Valencia donde las explotaciones hortícolas tienen casi siempre menos de 1 ha de superficie, entrando en juego medidas de superficie locales como la hanegada (hg). En Valencia, aproximadamente 1 hg = 831 m²; 12 hg = 1 ha.

1.2.2. Régimen hídrico

Los CHE (cereales, leguminosas grano, cultivos industriales y cultivos forrajeros) son eminentemente de secano, en su gran mayoría no existe el riego, sobreviven gracias a las precipitaciones que deben ser abundantes y bien distribuidas a lo largo del ciclo de cada cultivo si se pretende obtener una buena cosecha. Hay que indicar que algunos CHE (maíz y judía para grano seco esencialmente), debido a que tienen un ciclo de primavera-verano y por su genética, necesitan un aporte de agua mediante riego o bien ser cultivados en zonas de España, como la cornisa cantábrica, cuyo régimen de precipitaciones en verano es alto, son los llamados secanos frescos. Otros CHE, como el algodón o la remolacha azucarera, son principalmente de regadío, y en el caso del arroz, es completamente de regadío. En cambio, los cultivos hortícolas son cultivos de regadío, por dos razones: la primera porque es necesario rentabilizar bien la poca superficie disponible y, si se riegan, los rendimientos obtenidos pueden llegar a ser muy elevados; y, en segundo lugar, porque muchos de ellos se cultivan bajo condiciones de elevada temperatura y ausencia de lluvia (cultivos de verano y cultivos bajo invernadero respectivamente). Los sistemas de regadío implementados en los cultivos hortícolas son diversos, desde el tradicional riego a manta hasta los riegos a presión (aspersión y goteo), algunos de estos últimos muy tecnificados en los cultivos protegidos con invernaderos.

1.2.3. Intensificación de labores agrícolas

En los CHE, se llevan a cabo muchas menos labores agrícolas durante el ciclo del cultivo. Básicamente se realiza la preparación del terreno, siembra, fertilización de fondo y cobertera, algún tratamiento fitosanitario y la recolección, mientras que en los hortícolas el cultivo está mucho más intensificado, las labores antes mencionadas son incluso más complejas y además se realizan otras, como acolchados, aporcados, semilleros, injertos, entutorados, guiados, instalación de tunelillos, podas, riegos, etc.

1.2.4. Rotación de cultivos

En régimen extensivo, entre la recolección de un cultivo y la siembra del siguiente pueden pasar desde varios meses hasta varios años en el caso de realizar el barbecho en zonas de secano «duro». En el caso de los hortícolas, entre cultivo y cultivo no suele pasar más de un mes, nada más cosechar ya se está preparando el terreno (eliminación de restos de la cosecha anterior o formación de caballones o mesetas) para en seguida proceder a implantar el siguiente cultivo.

Existen otras diferencias entre los CHE y los hortícolas, como se detalla en el libro *Cultivos Herbáceos Extensivos* de J. M.ª Osca (2007, pp. 11-13), tales como una escasa modificación del medio físico, una baja utilización de insumos y de mano de obra y la necesidad de tener un grado de mecanización más elevado (tractores y aperos de más potencia y más grandes) en comparación con los hortícolas. En la Tabla 1.1, se listan los cultivos herbáceos cultivados en España, ordenados en herbáceos extensivos e intensivos u hortícolas.

Tabla 1.1. Listado de cultivos herbáceos estructurados en extensivos o en intensivos

Cultivos herbáceos extensivos	Cultivos herbáceos intensivos
Cereales	Acedera
Alpiste	Acelga
Arroz	Achicoria
Avena	Ajo
Cebada	Alcachofa
Centeno	Apio
Maíz	Apiorrábano
Mijo	Berenjena
Sorgo	Boniato
Trigo	Borraja
Triticale	Bróculi
Leguminosas grano	Cacahuete
Alberjón	Calabacín
Algarroba	Calabaza
Alholva	Cardo
Almorta	Cebolla
Altramuz	Chirivía
Habas para seco	Chufa
Judía para seco	Coliflor
Garbanzo	Colinabo
Guisante para seco	Colirrábano
Lenteja	Col repollo
Veza	Escarola
Yeros	Espárrago
Leguminosas forrajeras	Espinaca
Alfalfa	Fresón
Esparceta	Garrofón
Meliloto	Guisante de verdeo
Loto	Haba de verdeo
Tréboles	Hinojo

(continúa)

(continuación)

Zulla	Judía de verdeo
Industriales	Melón
Adormidera	Nabo
Algodón	Patata
Azafrán	Pepino
Cacahuete (también CHI)	Perejil
Camelina	Pimiento
Cártamo	Puerro
Girasol	Rábano
Lino	Remolacha de mesa
Mostaza	Sandía
Remolacha azucarera	Tomate
Soja	Verduras orientales
Tabaco	Zanahoria

Esta clasificación de cultivos herbáceos en extensivos e intensivos, no tiene una frontera claramente delimitada. Ya se ha comentado que según el lugar de producción hay cultivos, como la patata, que se pueden considerar extensivos u hortícolas. Hay otros cultivos como la remolacha azucarera, el maíz o el algodón, que, aunque se consideran extensivos, el nivel de manejo es intenso, empleándose muchos insumos, quizás porque son de ciclo estival. Por último, dependiendo del momento de recolección (fruto en tierno o en seco), algunos cultivos como las habas, las judías o los guisantes pueden ser considerados cultivos extensivos (recolección en seco) o intensivos (recolección en tierno o para verdeo).

1.3. Tipología de las explotaciones hortícolas en España

En España, debido a la gran variabilidad en clima y estructura agraria, las explotaciones hortícolas pueden ser:

a) Explotación hortícola intensiva tradicional: Es un cultivo realizado en pequeñas superficies de zonas cercanas a núcleos urbanos. Por lo general, es una explotación familiar que es manejada por pocas personas y normalmente para obtención de productos para consumo en fresco con un bajo nivel de manipulado y distribución generalmente en mercados locales próximos. Puede tener un cierto nivel de forzado con plásticos (semiforzado) con el objetivo de adelantar unas semanas las cosechas. Un ejemplo de este tipo de explotación hortícola es la huerta que rodea a la ciudad de Valencia.

b) Explotación hortícola forzada: En este caso, el objetivo es la producción fuera de temporada de frutas y hortalizas de gran valor añadido, para sobre todo comercializarlas en fresco en mercados exteriores. Para ello, el cultivo se realiza bajo invernaderos de diversa índole y adelantando o retrasando las siembras o plantaciones. Las explotaciones son como en el caso anterior, de escaso tamaño, pero el grado de tecnificación es mayor por lo que el agricultor debe estar más cualificado incluso asesorado por empresas del sector. Un ejemplo de este tipo de explotación agrícola es la zona de invernaderos de la provincia de Almería.

c) Explotación hortícola extensiva: En este caso el cultivo es al aire libre, de mayor extensión, en zonas más alejadas de los núcleos urbanos y muchas veces en rotación con algún tipo de cultivo extensivo. La dirección de la explotación ya es mucho más profesionalizada, con índices de mecanización mucho más elevados que incluso integran algún elemento de postrecolección. El cultivo hortícola es aprovechado fundamentalmente en fresco, aunque en este caso, la producción también puede destinarse a la industria como es el caso del pimiento para pimentón, o el tomate para industria. No suele existir forzado del cultivo al ser la superficie elevada, si acaso, pueden acolcharse las líneas de siembra con plásticos opacos para evitar la emergencia de malas hierbas más que para adelantar las cosechas. Son zonas clásicas de este tipo de horticultura el Campo de Cartagena en Murcia, las provincias de Cádiz, Sevilla y Segovia, el Delta del río Ebro en Tarragona, los nuevos regadíos en Castilla-La Mancha (cebolla, ajo, melón, etc.), o los «nuevos» (Plan Badajoz años 50-60 del siglo xx) regadíos de la provincia de Badajoz con el tomate de industria entre otros cultivos.

1.4. Cultivos hortícolas en España

Pueden clasificarse según diferentes criterios, se listan los más habituales:

a) Por su familia botánica: Son pocas las familias botánicas que agrupan a los cultivos hortícolas. Las más importantes en orden alfabético son: amarantáceas (acelga, espinaca y remolacha de mesa), amarilidáceas (ajo, cebolla, cebolleta, cebollino, chalota y puerro), apiáceas (apio, apiorrábano, chirivía, hinojo, perejil y zanahoria), asteráceas (achicoria, alcachofa, cardo, escarola y lechuga), brasicáceas (berro, berza, bróculi, coles repollo, coliflor, colinabo, colirrábano, nabo, rábano y rúcula), cucurbitáceas (calabacín, calabaza, melón, pepino y sandía), fabáceas para verdeo (garrofón, guisante, haba y judía) y solanáceas (berenjena, patata, pimiento y tomate). Otras familias botánicas menos importantes en cuanto a número de cultivos hortícolas que presentan son: asparagáceas (espárrago), boragináceas (borraja), ciperáceas (chufa), convolvuláceas (boniato), poáceas (maíz dulce), poligonáceas (acedera), rosáceas (fresón) y valerianáceas (canónigos).

b) Por el órgano de la planta aprovechable: Los cultivos hortícolas se cultivan por sus hojas (acelga, espinaca, coles repollo, lechuga, etc.), por su raíz (chirivía, nabo, rábano, zanahoria, etc.), por sus frutos (berenjena, calabacín, fresón, judía, melón, tomate, sandía, etc.), por sus pre-inflorescencias (alcachofa, bróculi y coliflor), por su bulbo (ajo y cebolla), por sus tubérculos (boniato, chufa y patata), por sus semillas tiernas (habas y guisantes) y por su tallo (espárrago).

c) Por la época del año en que se cultivan: Normalmente se habla de cultivos de verano y cultivos de invierno. Los de verano, también conocidos como de primavera-verano son los que se suelen sembrar o plantar a mitad de la primavera y recolectar durante el verano como las cucurbitáceas y solanáceas, o en otoño como la chufa y el boniato. Por otro lado, los cultivos de invierno o de otoño-invierno, se implantan durante el final del verano o en el otoño, y se recolectan durante el otoño, invierno o primavera. Sin embargo, esta clasificación en cultivos de verano y de invierno, es muy dependiente de tres aspectos:

1. *Las condiciones climáticas del lugar de cultivo.* Por ejemplo, la patata en la huerta de Valencia se suele plantar a inicios de año, en pleno invierno y aunque es un cultivo sensible a las heladas, al darse raramente éstas en la zona indicada, se obtiene una cosecha temprana de patatas por el mes de abril, es pues un cultivo de invierno. En cambio, en zonas cercanas a Valencia como Teruel, con un invierno muy frío, no se puede plantar la patata hasta bien entrada la primavera, recolectándose a finales del verano, siendo la patata por tanto un cultivo de verano en este lugar.

2. *El forzado del cultivo con plásticos.* El clima puede modificarse instalando un tunelillo (unos 50 cm de altura) de plástico transparente sobre un caballón acolchado también con plástico (en este caso opaco). Las plantas que se instalan en su interior crecen en un ambiente mucho más cálido que al exterior, pudiéndose adelantar las siembras en este caso unos 2 meses. El tunelillo, se irá abriendo progresivamente a medida que la planta crezca en su interior y la temperatura al exterior vaya siendo ya la adecuada. El caso extremo es el uso de invernaderos, en este caso un cultivo de verano puede desarrollarse completamente durante el otoño-invierno, obteniendo su producción en una época comercialmente más competitiva que en condiciones naturales.

3. *La mejora genética.* Las empresas de semillas van obteniendo y sacando al mercado nuevas variedades de cultivos que se adaptan a situaciones climáticas cada vez más alejadas de las que tenían originalmente. Sobre todo, ocurre con variedades de lechugas, coles repollo, coliflores, etc. que aun siendo cultivos de otoño-invierno en el área mediterránea, pueden hoy en día cultivarse también en verano, aunque son ciclos de cultivo muy cortos que dan bajos rendimientos y calidades inferiores.

d) Por la duración de su ciclo: Ya se ha comentado que es muy dependiente de las condiciones climáticas, en general a mayor temperatura el ciclo de cualquier cultivo se acelera y es más corto, y al revés a menor temperatura el ciclo se alarga. Casi todos los cultivos hortícolas tienen el ciclo anual, lo que quiere decir que su ciclo dura menos de un año, y puede variar desde pocas semanas hasta varios meses, aunque depende mucho de nuevo del clima, de la existencia y tipo de forzado plástico, de la variedad comercial cultivada, del número de recolecciones efectuadas, de su destino (por ejemplo, cebolla tierna o seca) y de las prácticas culturales implementadas (injerto, podas, etc.). Se podría establecer la siguiente clasificación general de la duración del ciclo de un cultivo hortícola:

- Unos 2 meses o menos: cultivos para IV gama (acedera, berros, canónigos, lechuga, rúcula, etc.), nabo, rábano y verduras orientales.

- Unos 3 meses: escarola, espinaca, lechuga, etc.

- Unos 4 meses: cucurbitáceas, patata y tomate de industria.

- Unos 5 meses: boniato, brócoli, calabaza, cebolla, coles repollo, coliflor, habas, judía, pimiento, tomate para fresco, etc.

- Unos 7 meses: apio, chirivía, chufa, puerro, zanahoria, etc.

Adicionalmente, en horticultura en España, existen 2 cultivos perennes: el espárrago que se cultiva durante unos 10 a 12 años seguidos en la misma parcela, y con un periodo de recolección entre abril y junio de cada año, y la alcachofa que se cultiva durante 2 a 3 años con 2 periodos de recolección, uno menor en otoño en zonas cálidas (litoral mediterráneo) y el periodo importante en primavera.

Además de los cultivos listados en los apartados anteriores, existen otros cultivos hortícolas minoritarios cultivados en España, como son: berzas, champiñones, escorzonera, flor cortada, grelos, mastuerzo, ruibarbo, rutabaga, salsifí, etc., que pueden verse, cada vez más a menudo, en los mercados de España junto con cultivos hortícolas propios de otros continentes, debido a la creciente inmigración procedente de América, África y Asia (cúrcuma, jengibre, karela, malanga, ñame, oca, okra, pataca, tomatillo, yuca, etc.).

1.5. Estadísticas sobre el cultivo de especies hortícolas en España

En España la superficie hortícola se estima en unas 450 000 ha que dan una producción de unos 15 millones de t, incluyendo el cultivo de la patata (60 055 ha y 1,88 millones de t en 2022). Hay que recordar que los cultivos herbáceos extensivos ocupan en España unos 9 millones de ha, incluyendo cereales, leguminosas grano, industriales y forrajeros. Por lo tanto, los cultivos hortícolas representan tan solo un 5 % del total de los cultivos herbáceos.

Además de la patata, los cultivos hortícolas más importantes en España se presentan en la Tabla 1.2 junto con las provincias de España donde más predominan.

Tabla 1.2. Estadísticas sobre los principales cultivos hortícolas en España.
Fuente: MAPA 2024, Anuario de Estadística 2023

Cultivo	Superficie (ha)	Producción (miles de t)	Provincias mayoritarias
Patata	60 055	1881	A Coruña, Burgos, Canarias, Lugo, Murcia, Orense, Pontevedra, Salamanca, Segovia, Sevilla y Valladolid
Tomate	45 152	3651	Almería, Sevilla, Badajoz y Granada
Lechuga	33 411	966	Almería, Murcia y Granada
Bróculi	31 255	495	Albacete, Alicante, Badajoz, Murcia y Navarra
Ajo	29 802	281	Albacete, Cuenca y Ciudad Real
Cebolla	23 128	1222	Albacete, Ciudad Real, Cuenca, Sevilla, Valencia y Zaragoza
Pimiento	22 148	1529	Almería y Murcia
Sandía	21 695	1164	Almería, Ciudad Real y Murcia
Melón	16 221	524	Almería, Ciudad Real y Murcia

España es el mayor exportador de frutas y hortalizas de la UE y se encuentra entre los 3 primeros puestos a nivel mundial junto a China y EE.UU. La balanza comercial hortícola es positiva salvo en el caso de la patata y la judía que necesitamos importar más cantidad de la que exportamos. En el año 2023, se exportaron unos 5,2 millones de t de hortalizas, mientras que las importaciones fueron de 0,8 millones de t, de ellas, 0,29 millones de t de patata (FEPEX, 2024).

En la zona de invernaderos de Almería, se producen alrededor de 2,6 millones de t de hortalizas, de las que el 55 % se venden al exterior siendo el mayor exportador de hortalizas frescas a nivel estatal (33 % del total). La primera hortaliza en cuanto a nivel de exportación en España es el pimiento con 845 359 t, seguida de la lechuga con 766 384 t y del tomate con 728 809 t. El 96 % de las exportaciones van a la UE, acaparando tan solo 4 países el 73 % de éstas (Alemania, Francia, Países Bajos y Reino Unido). El tomate, pimiento y pepino representan el 60 % de la exportación.

España es el primer exportador mundial de lechuga, de bróculi, de pepino y de melón. Es el segundo exportador de pimientos y de sandía tras México. Es el tercer exportador mundial de tomate tras México y Países Bajos. En cuanto a importaciones de hortalizas, en España se centran en la patata (unas 914 443 t) y en la judía (unas 131 402 t).

1.6. Zonas hortícolas en España

En España existen 4 zonas claramente diferenciadas de producción hortícola, que son coincidentes con los 4 climas principales que se dan en España. Son las siguientes, incluyendo las subzonas de cada una de ellas y sus productos hortícolas con sellos de calidad (denominación de origen protegida o indicación geográfica protegida):

a) Litoral mediterráneo: Caracterizado por una climatología suave durante el invierno y muy cálida en verano, con ausencia de precipitaciones, que son además estacionales, y por tanto esta zona en verano es totalmente dependiente del riego. Muchas veces con escasez de agua para el riego y mala calidad de esta. Destacan las siguientes zonas englobadas en las diferentes comunidades autónomas:

   a. Cataluña: Comarcas litorales del Maresme y del Prat en el norte y sur de la ciudad de Barcelona respectivamente. Además, la zona de horticultura extensiva del Delta del Ebro en Tarragona. Sellos de calidad: Calçot de Valls, Patates de Prades, Fesols de Santa Pau, y Mongeta del Ganxet.

   b. Comunidad Valenciana: Gran presencia de horticultura en el litoral de las provincias de Castellón y Valencia y en el sur de la provincia de Alicante. Destaca en el norte de la provincia de Castellón la producción de alcachofa y en la huerta que rodea la ciudad de Valencia la producción de patata y cebolla tempranas además del cultivo particular de la chufa. Hay también que nombrar la zona de cultivos protegidos de El Perelló donde se cultiva durante el otoño-invierno gran variedad de verduras orientales para su exportación a las comunidades de población asiática de grandes ciudades europeas como Ámsterdam, Berlín, Londres, Paris, etc. También es de destacar la gran producción de coles repollo en la provincia de Valencia. La horticultura del sur de Alicante es semejante a la de la Región de Murcia con gran producción de alcachofa, bróculi, coliflor, lechuga, pimiento, melón y sandía entre otros cultivos. Sellos de calidad: Alcachofa de Benicarló y Chufa de Valencia.

   c. Región de Murcia: Sobre todo localizada en la comarca del Campo de Cartagena, con grandes explotaciones al aire libre de alcachofa, coliflor, bróculi, melón y lechuga (tipo Iceberg). Además, hay gran presencia de cultivos forzados pertenecientes a las familias de las cucurbitáceas y solanáceas durante el otoño-invierno en la zona de Águilas. Importante también la producción de pimiento para pimentón. Sellos de calidad: Melón de Torre Pacheco y Pimentón de Murcia.

   d. Andalucía: Presenta diferentes zonas, en primer lugar, la importantísima zona en Almería de cultivo forzado bajo plástico de solanáceas (berenjena, tomate y pimiento), cucurbitáceas (pepino, melón, sandía y calabacín) y judía para verdeo, unas 30 000 ha. La producción de estos cultivos bajo plástico empieza en otoño y dura hasta finales de la primavera con una clara tradición exportadora a países como Alemania, Francia y Reino Unido. En Almería es así mismo importante el cultivo de la lechuga.

También es importante la Vega de Granada donde destaca el cultivo del espárrago verde, la provincia de Sevilla con una gran horticultura extensiva (destaca la patata) y la zona de fresones de la provincia de Huelva. En Cádiz existe también una horticultura extensiva a considerar complementaria (por clima) a la zona de Segovia en el cultivo de hortícolas de raíz. Sellos de calidad: Tomate de la Cañada-Níjar y Espárrago de Huétor-Tájar.

b) Zona interior de España: Caracterizada por un clima extremo, muy frío en invierno y muy cálido y seco en verano. Esta zona está fuertemente dominada por los cultivos herbáceos extensivos, pero con presencia de cultivos hortícolas en las vegas de los grandes ríos que atraviesan el centro peninsular o nuevas zonas de explotación de acuíferos. Los ciclos de cultivo de las especies hortícolas en esta región están centrados en la primavera-verano-otoño, siendo el invierno casi inhábil para el cultivo, salvo para algunas hortalizas de aprovechamiento de órgano subterráneo. Existen las siguientes zonas diferenciadas por comunidades autónomas:

a. Extremadura: Nuevos regadíos originados por el Plan Badajoz (construcción de pantanos en el río Guadiana) que suponen una gran superficie dedicada al cultivo del tomate de industria en rotación con cultivos extensivos como el maíz y arroz. Al igual que en la región de Murcia, destaca el cultivo del pimiento para obtener el pimentón en la comarca de La Vera. Sellos de calidad: Pimentón de la Vera.

b. Castilla-La Mancha: Nuevos regadíos en la provincia de Albacete con gran producción de cebolla. También es muy importante la producción de ajo en las provincias de Toledo, Albacete y Cuenca. Por último, hay que destacar la producción de melones en Ciudad Real y Toledo, siendo una parte de ellos cultivados en secano. Sellos de calidad: Berenjena de Almagro, Melón de La Mancha y Ajo morado de Las Pedroñeras.

c. Castilla-León: Aunque es una región fundamentalmente cerealista, destaca también por el cultivo de la patata, y las provincias de Valladolid y Segovia por el cultivo de zanahoria, puerros e incluso por la producción de endivias a partir de raíces de achicoria importadas, sobre todo, de Francia. Hay también que destacar la existencia en las provincias de Ávila y Segovia de viveros de plantas madre de fresón. Sellos de calidad: Pimiento asado del Bierzo y Pimiento de Fresno-Benavente.

d. Navarra y La Rioja: Es una región con gran tradición hortícola pero muy generalista, quizás destacando únicamente por la alcachofa (producción de la inflorescencia y de zuecas para exportar a la Comunidad Valenciana) y el espárrago blanco. Es también importante el cultivo en invernadero de especies hortícolas para IV gama (acedera, canónigos, espinaca, rúcula, etc.). Sellos de calidad: Alcachofa de Tudela, Coliflor de Calahorra, Espárrago de Navarra, Pimiento Riojano y Pimiento del Piquillo de Lodosa.

e. Aragón: Presenta una horticultura muy limitada a los márgenes de los grandes ríos como el Ebro, Gállego, Cinca o Jiloca en la que no destaca cultivo alguno sobre las demás regiones españolas. Sellos de calidad: Cebolla de Fuentes de Ebro.

c) Zona atlántica: Caracterizada por un clima frío durante el invierno y suave en el verano, con importantes precipitaciones que hacen que algunos cultivos hortícolas puedan producirse en secano, incluso en verano (judía, maíz, pimiento, etc.) obteniéndose unos rendimientos aceptables. Las parcelas hortícolas son de escasas dimensiones y caracterizadas por ser de cultivo familiar. Destaca en Galicia la producción de patata, de algunas brasicáceas como la berza y el nabo gallego (de cuyas hojas se obtienen los grelos) y de diferentes ecotipos de judía, tanto para verdeo como para grano seco. Sellos de calidad: Pataca de Galicia, Grelos de Galicia, Pimiento de Herbón, Pimiento de Oímbra, Pimiento de Couto, Pimiento de Mougán, Pimiento de Gernika y Faba de Lourenzá.

d) Islas Canarias: Con un clima constante y cálido durante todo el año que le permite cultivar hortalizas de diversa índole para autoconsumo, aunque con dificultades obvias para la importación. Importante la producción de tomate, patata y pepino. Sellos de calidad: Papas antiguas de Canarias.

1.7. Fortalezas y debilidades de la horticultura española

Como principales fortalezas de la horticultura española cabe citar:

a) Gran experiencia en producción y exportación de productos hortofrutícolas.

b) Producción variada y de calidad.

c) Buena cooperación entre productores y empresas transformadoras.

d) Cercanía a los mercados de exportación.

e) Climatología benigna que favorece la producción. Además, es una climatología variada, lo que favorece la producción en diferentes épocas del mismo cultivo.

f) Alto nivel de modernización.

En cuanto a las principales debilidades, hay que tener en cuenta:

a) Minifundismo en gran parte de la superficie hortícola española.

b) Escasez y mala calidad del agua de riego.

c) Mayor desarrollo de organismos perjudiciales (plagas, enfermedades y malas hierbas) debido a que en general el clima es cálido.

d) Alta dependencia del material de propagación y productos fitosanitarios.

e) Competitividad de países terceros.

1.8. Cuestiones

Conteste a las siguientes cuestiones razonando la respuesta:

1. Una de las principales diferencias entre los cultivos herbáceos extensivos e intensivos es el tamaño de parcela, ¿podría averiguar cuál es el tamaño medio de parcela agrícola en Castilla-León y compararlo con el de la Comunidad Valenciana?

2. Con los datos obtenidos en la pregunta 1, ¿podría asociarse a cada una de las dos comunidades autónomas uno de los dos tipos de cultivos herbáceos?

3. ¿Cuáles son los objetivos principales de la rotación de cultivos?

4. Indique las principales diferencias entre una explotación hortícola forzada y una explotación hortícola intensiva

5. Un cultivo de tomate de industria en una parcela de 20 ha en las Vegas del Guadiana, con recolección mecanizada, ¿podría considerarse un cultivo herbáceo extensivo?

6. Un cultivo de judía para consumo en fresco en la huerta de Valencia, ¿podría considerarse un cultivo herbáceo intensivo?

7. ¿Cuál sería la duración del barbecho en la zona hortícola de L´Horta Nord de Valencia?

8. ¿Podrían considerarse cultivos herbáceos intensivos a las siguientes especies cultivadas de la familia de las apiáceas: cilantro y eneldo?

9. Indique qué comunidades autónomas de España tienen más sellos de calidad relacionados con los cultivos herbáceos intensivos.

10. ¿Consideraría la patata un cultivo hortícola extensivo o intensivo?

11. En España, ¿qué cultivos herbáceos cree usted que podrían considerarse tanto extensivos como intensivos?

12. Podría enumerar otros cultivos herbáceos no tradicionales en España pero que están empezando a cultivarse debido al aumento de la inmigración de Sudamérica, África y Asia.

13. Realice una rotación de cultivos hortícolas en la Huerta de la ciudad de Valencia para 4 años.

2

Implantación del cultivo

2.1. Introducción

Desde que se cosecha un cultivo hortícola hasta que se implanta el siguiente pueden transcurrir desde días a pocos meses, dependiendo del tipo de horticultura y la climatología del lugar. En este intervalo de tiempo se realizan una serie de labores agrícolas muy importantes que influirán notablemente en el desarrollo del siguiente cultivo. Este breve periodo de tiempo no se denomina barbecho, el barbecho es una técnica de los cultivos herbáceos extensivos que tiene como objetivo, sobre todo, la recuperación del terreno en recursos hídricos a base de labrar el campo en diferentes épocas y suele durar más de un año. En los cultivos hortícolas, al ser estos de regadío, el barbecho no es necesario.

2.2. Preparación del campo para la implantación del cultivo

Se exponen a continuación diferentes actuaciones que se realizan en el terreno con el objetivo de acondicionarlo para un nuevo cultivo. En algunos cultivos se llevan a cabo todas estas labores, en otros se agrupan varias de ellas en una sola, o bien tan solo se realizan únicamente algunas, dependiendo fundamentalmente del tipo de horticultura que se practique. El orden en que se efectúan estas actuaciones puede no coincidir con el establecido a continuación.

2.2.1. Incorporación de los restos del cultivo anterior

Una vez cosechado el cultivo anterior, hay que incorporar (enterrar) los restos de la cosecha en el suelo. Con ello se incrementará el contenido en materia orgánica del suelo que posteriormente se irá descomponiendo en elementos minerales (mineralización), parte de ellos directamente asimilados por las raíces del siguiente cultivo.

En la Tabla 2.1 se expone la cantidad de macroelementos existentes en los residuos de las cosechas de los principales cultivos hortícolas. Hay que tener en cuenta que las cantidades indicadas en la tabla no están inmediatamente disponibles para el siguiente cultivo, estos restos han de humificarse y mineralizarse y este proceso es altamente dependiente de la climatología, perdiéndose en el camino parte de estos macroelementos por volatilización, lixiviación, etc.

Por ello, estos datos son orientativos a la hora de realizar la programación de la fertilización de un cultivo, siendo interesante un análisis previo del suelo. Sin embargo, es destacable que los restos de algunos cultivos (alcachofa, berenjena, bróculi, etc.), al ser plantas de gran envergadura, posean unas cantidades de macroelementos muy similares a las necesidades que tienen los posibles siguientes cultivos en la rotación.

En la Tabla 2.1, hay cultivos que generan en sus restos de cosecha pocos macronutrientes (puerro, rábano, lechuga y espinaca). Esto es debido a que precisamente la parte aprovechable de la planta es la hoja y ésta se recolecta casi completamente, o bien, a que generan pocos restos como en el caso de cultivos de rápido desarrollo (caso de los nabos y rábanos). En cambio, otros cultivos en los que la parte cosechada no es la hoja, sino el fruto (berenjena, melón, pimiento, etc.) o inflorescencia (alcachofa, bróculi y coliflor) la cantidad de residuos generados tras la cosecha es importante, pues gran parte de la planta queda en el campo tras la cosecha y como consecuencia será también importante la de elementos minerales generados a medio plazo.

Es conveniente realizar la incorporación de los restos de cosecha en cuanto antes, para que la descomposición de estos se acelere, pero muchas veces depende del contenido de humedad del suelo, pues si el suelo está demasiado seco los aperos a utilizar para enterrar los restos de la cosecha no pueden trabajar adecuadamente. Además, enterrando los restos de la cosecha anterior, se eliminan gran cantidad de propágulos de plagas, enfermedades y también malas hierbas.

Tabla 2.1. Cantidades de macroelementos en restos de cosecha de cultivos hortícolas.
Fuente: Ramos y Pomares, 2010

Cultivo	Rendimiento del cultivo en t/ha	Cantidades de macroelementos en restos de cosechas (kg/ha)		
		N	P_2O_5	K_2O
Alcachofa	17	80-150	40-80	150-300
Apio	70	60-90	25-40	130-170
Berenjena	60	100-150	30-50	180-220
Bróculi	17	150-250	50-70	250-290
Calabacín	25	20-30	5-15	20-40
Cebolla	65	20-40	3-6	5-15
Col	50	90-120	20-30	110-130
Col china	65	80-110	15-40	150-180
Coliflor	30	120-150	40-60	160-180
Espinaca	25	20-50	8-15	50-60
Guisantes	4	60-80	15-25	80-100
Judías verdes	14	30-60	25-35	60-80
Lechuga	35	15-30	5-8	25-35
Melón	35	30-40	15-20	80-100
Pepino	30	20-30	10-20	30-50
Pimiento	60	11-160	35-60	180-220
Puerro	30	10-30	5-10	10-30
Rábano	25	5-10	3-5	10-20
Sandía	50	30-40	10-20	30-50
Tomate	60	45-60	20-55	80-120
Zanahoria	65	60-118	20-40	140-170

2.2.2. Incorporación de estiércol

En los cultivos hortícolas, es muy común la aportación de estiércol previa a la implantación del cultivo. Con ello se consigue, principalmente, estructurar mejor el suelo pues ayuda al esponjamiento de este, a la cohesión (cementación) de las partículas minerales y a la retención de agua. En segundo lugar, el estiércol es una fuente de elementos minerales que se incorporan a la rizosfera tras su trasformación en el suelo mediante el proceso de mineralización. El estiércol no aporta grandes cantidades de elementos nutritivos, pero los que aporta debieran ser tenidos en cuenta a la hora de realizar el programa de fertilización del cultivo.

En general el valor humígeno del estiércol bien descompuesto es de un 30-50 %. Luego este humus se mineraliza y, por ejemplo, una aportación de 20 000 kg de estiércol fresco de vacuno al 80 % de humedad, genera unos 60 kg/ha de N, 20 kg /ha de P_2O_5 y 80 kg/ha de K_2O. Hay que tener en cuenta que, de todo el nitrógeno mineralizado por el estiércol de vacuno, tan solo el 20 % se mineraliza el primer año mientras que otros tipos de estiércol mineralizan entre un 40 y 50 %.

En la Tabla 2.2 puede verse la composición en elementos minerales de diferentes estiércoles correspondientes a diferentes especies animales. Como se observa, el estiércol de ovino presenta unas proporciones mayores de elementos minerales que el de vacuno. Además, en la misma tabla, el contenido en agua del estiércol se expresa mediante un rango en el que el extremo superior corresponde al estiércol fresco y el inferior al descompuesto o hecho.

Tabla 2.2. Composición de diferentes estiércoles. El rango en la composición de agua y materia seca corresponde al estiércol fresco frente al hecho. Fuente: García-Serrano et al., 2010

Composición (%)	Vacuno	Porcino	Equino	Ovino
Agua	80-60	85-65	75-60	70-60
Materia seca	20-40	15-35	25-40	30-40
Nitrógeno (N)	0,3-0,6	0,4-0,7	0,4-0,7	0,5-0,7
Fósforo (P_2O_5)	0,1-0,4	0,1-0,3	0,2-0,3	0,2-0,5
Potasio (K_2O)	0,4-0,1	0,6-1,6	0,5-0,8	0,5-1,5
Calcio (CaO)	0,2-0,3	0,08-0,1	0,2-0,3	0,1-0,3
Magnesio (MgO)	0,1-0,3	0,2-0,3	0,2-0,4	0,3-0,4

Ahora bien, un estercolado excesivo del suelo puede salinizarlo y elevar el pH del suelo. En los suelos con un contenido normal en materia orgánica, la cantidad de estiércol a aplicar debe ser tal que al descomponerse se conserve el nivel de materia orgánica, mientras que, en suelos con un nivel en materia orgánica muy bajo, la dosis de estiércol a aplicar debe ser mayor pues deberá en primer lugar corregir el déficit en materia orgánica y luego conservarlo. En la Tabla 2.3 se observa la dosis de estercolado dependiendo de la textura del suelo y de la riqueza en materia orgánica del mismo.

Tabla 2.3. Aportaciones recomendadas de estiércol y periodicidad de la aplicación.
Fuente: García-Serrano et al., 2010

Textura del suelo	Conservación		Corrección + conservación	
	Dosis (t/ha)	Periodicidad	Dosis (t/ha)	Periodicidad
Arenosa	15-20	2	20-25	2
Franca	25-30	3	30-35	3
Arcillosa	30-40	3	40-45	3

Las aportaciones de estiércol son del orden de t/ha y varían, entre otros factores, según la especie hortícola (Tabla 2.4).

Tabla 2.4. Cantidades de estiércol a aplicar en cultivos hortícolas.
Fuente: Maroto, 2002

Cultivo	Cantidad (t/ha)	Observaciones
Acelga	20-25	Bien descompuesto
Ajo	No es conveniente añadir estiércol justo antes del cultivo	
Alcachofa	30-40	
Apio	30	
Berenjena	40-50	
Bróculi	30-50	
Calabacín	30-40	
Cardo	30-50	
Cebolla	Aplicarlo en el cultivo precedente o muy hecho y poca cantidad	
Chirivía	30-40	Muy descompuesto
Coliflor	30-50	
Colinabo	30	Resiste mejor que los nabos
Col repollo	30-40	
Escarola	20-25	Bien descompuesto
Espárrago	40-50	15 t/ha a partir del 2º año
Espinaca	Toleran mal los estercolados recientes	
Fresón	15	De vacuno y bien descompuesto
Guisante	Aportación moderada de estiércol bien descompuesto	
Haba	10-15	Con bastante antelación
Hinojo	15-20	
Judía	15-20	Con bastante antelación y hecho
Lechuga	15-20	Añadido en el precedente o muy hecho

(continúa)

(continuación)

Cultivo	Cantidad (t/ha)	Observaciones
Melón	20-40	
Nabo	No le convienen aportaciones recientes	
Patata	20-30	Bien descompuesto
Pepino	10-35	
Perejil	30	Bien descompuesto
Pimiento	30-40	
Rábano	15-20	Muy descompuesto y con antelación
Remolacha de mesa	20-30	Muy descompuesto y con antelación
Sandía	20-30	
Tomate	30	
Zanahoria	Solo si está muy descompuesto.	

La aplicación de estiércol suele hacerse o bien distribuyéndola homogéneamente en el campo mediante un tractor con remolque esparcidor (Figura 2.1), bien distribuyendo montones de estiércol en la parcela que posteriormente se repartirán homogéneamente o bien a mano o mecánicamente. Una vez distribuido el estiércol sobre la superficie del terreno, hay que incorporarlo al suelo mediante una labor.

Figura 2.1. Distribución de estiércol en un campo hortícola de la huerta de Vera (Valencia)

En L´Horta Nord de la ciudad de Valencia, la tonelada de estiércol de gallinaza puesta ya en campo cuesta unos 23 euros a fecha de diciembre de 2019. Existe una empresa en la localidad de Vinalesa que gestiona este estiércol proveniente de granjas avícolas de la provincia de Tarragona.

2.2.3. Fertilización de fondo

El abonado de fondo se efectúa inmediatamente antes de la implantación del cultivo, y se compone, de forma general, del 100 % de las necesidades de fósforo y potasio, junto con un porcentaje (30-50 %) de las necesidades de nitrógeno, además de, en ocasiones, las necesidades de algún elemento secundario importante para el cultivo en cuestión como Ca, Mg o S. Cuando se practica la fertirrigación, el abonado de fondo suele ser de menor cuantía y parte del fósforo y potasio se aplica también en los sucesivos abonados de cobertera durante el ciclo del cultivo.

La programación de la fertilización del cultivo y por tanto la del abonado de fondo, dependerá de diferentes factores. De entre todos ellos, las extracciones del cultivo de elementos minerales del suelo son las más importantes. En la Tabla 2.5 se exponen las extracciones de elementos minerales de los principales cultivos hortícolas en España que son la base para el cálculo de la fertilización.

Tabla 2.5. Extracciones de elementos minerales principales y secundarios
de los principales cultivos hortícolas en España.
Fuente: Maroto, 2002

Cultivo	Extracciones (kg/ha)					Observaciones
	N	P_2O_5	K_2O	CaO	MgO	
Cebolla	80	40	120	-	-	η = 30 t/ha
Lechuga	55	20	120	35	10	η = 25 t/ha
Melón	200	34	413	169	83	η = 53 t/ha (invernadero)
Patata	103	47	211	-	-	η = 25 t/ha
Tomate	136	55	232	-	36	η = 60 t/ha

Pero además hay que tener en cuenta otras fuentes de elementos minerales como las que ya se han mencionado antes, procedentes de restos de cosechas o del estiércol, incluso del agua de riego (Tabla 2.6).

Tabla 2.6. Cantidad de nitrógeno (kg/ha) aportado con el agua de riego según el consumo de agua (m³/ha y año) y del contenido en nitratos (mg/L).
Fuente: García-Serrano et al., 2010

Volumen de agua aplicada (m³/ha y año)	Contenido en nitratos en el agua (mg/L)							
	5	10	15	20	25	30	40	60
2000	2,3	4,5	6,8	9,0	11,3	13,5	18,0	27,0
3000	3,4	6,8	10,1	13,5	16,9	20,3	27,0	40,5
4000	4,5	9,0	13,5	18,0	22,5	27,0	36,0	54,0
5000	5,6	11,3	16,9	22,5	28,1	33,8	45,0	67,5
6000	6,8	13,5	20,3	27,0	33,8	40,5	54,0	81,0
7000	7,9	15,8	23,6	31,5	39,4	47,3	63,0	94,5

El contenido en nitrógeno que aporta el agua de riego puede calcularse con la siguiente fórmula que da los valores de la tabla anterior:

$$N \text{ (kg/ha)} = (Vr \text{ (m}^3\text{/ha)} * [NO_3^- \text{ (mg/L)}] \times 22{,}5) / 10^5 \qquad \textbf{Ecuación 2.1}$$

De nuevo hay que mencionar que, de forma general, se aplica en el abonado de fondo el 100 % del fósforo y potasio necesarios para todo el ciclo de cultivo y una fracción del nitrógeno necesario. No se aplica todo el nitrógeno en el abonado de fondo pues debido a su movilidad podría perderse en gran cantidad por lixiviación. Es normal utilizar el complejo denominado triple 15 para realizar el abonado de fondo en cultivos hortícolas, de forma que, si se fertilizara una hectárea con 100 kg de triple 15, se estaría incorporando 15 kg de N, 15 kg de P_2O_5 y 15 kg de K_2O.

Ahora bien, en la horticultura donde se práctica la fertirrigación, pueden fraccionarse incluso los aportes de fósforo y potasio, realizándose varias coberteras (fracciones). En horticultura intensiva en sistemas forzados (invernaderos) suele practicarse la fertirrigación muy fraccionada, todas las semanas del ciclo del cultivo se fertirriga varias veces, incluso de forma diaria si se riega con una solución nutritiva (cultivos hidropónicos).

Un equilibrio general de los 3 macroelementos en horticultura pudiera ser el 2:1:3, y si son hortícolas de fruto, 2:1:3,5 o incluso 2:1:4.

La fertilización de fondo hay que incorporarla al suelo mediante una labor, normalmente distinta de la labor de incorporación del estiércol, pues, así como el abonado de fondo hay que aplicarlo casi inmediatamente antes de la plantación, el estiércol suele aplicarse con más antelación.

2.2.4. Labor profunda

En ocasiones, conviene realizar una labor profunda (unos 40 cm) con algún apero tipo subsolador con el fin de romper suelas de labor producidas por un continuo pase de fresadora siempre a la misma profundidad. Con esta labor, las raíces del siguiente cultivo podrán penetrar bien en profundidad, explorando capas del suelo en busca de agua y nutrientes que sin esta labor estarían fuera del alcance de las raíces. Además, en caso de encharcamiento bien sea por precipitación o riego excesivos, una labor profunda ayuda a drenar el agua sobrante y así las raíces del cultivo se desarrollan en un ambiente bien equilibrado en agua y aire (oxígeno). Esta labor profunda requiere una gran potencia de trabajo del tractor que es mayor cuanto más profunda sea y más seco esté el terreno.

Con la labor en profundidad también pueden incorporarse total o parcialmente el estiércol o el fertilizante de fondo, aunque para un completo enterrado es más conveniente el uso de otro tipo de aperos como cultivadores o fresadoras.

2.2.5. Nivelado del campo

Se realiza sobre todo en parcelas hortícolas que se riegan por inundación, utilizándose la técnica de nivelación mediante láser y traílla arrastrada por el tractor. Se da una pendiente negativa desde la entrada del agua al campo hasta la salida del agua de este de aproximadamente un 0,07 %. La labor de nivelado no se hace antes de la implantación de cada cultivo, sino con carácter anual o cada 2-3 años o siempre tras cultivos como la chufa que tras la recolección modifican en gran manera la capa arable del suelo.

2.2.6. Preparación del lecho de siembra

Conviene realizar una labor fina y poco profunda para desmenuzar (desterronar) la superficie del suelo previa a realizar la siembra o plantación. Con ello se consigue que la semilla, una vez depositada en el suelo se encuentre en íntimo contacto con las partículas del suelo que, al tener un cierto nivel de humedad, inducen la germinación de las semillas. En caso de realizar trasplante en vez de siembra, esta labor ayuda también a que las débiles raicillas en los cepellones encuentren inicialmente un suelo esponjoso y libre de costras y apelmazamientos para su desarrollo.

Suele realizarse con aperos del tipo fresadora («rotovator») o cultivadores, con una profundidad no más allá de los 15-20 cm.

2.2.7. Conformación del terreno

El suelo donde se implanta el cultivo debe ser, normalmente, conformado con caballones o mesetas donde se sembrarán o plantarán los cultivos. La formación de mesetas y caballones es tanto más necesaria cuando el riego sea por gravedad, mientras que, si el riego es a presión (localizado o aspersión), la formación de caballones o mesetas no es tan necesaria. La necesidad de hacer los caballones en riego por inundación responde a la conveniencia de que la zona del cuello de la raíz de la planta no esté en condiciones de encharcamiento continuo. Además, de esta forma la distribución del agua es más uniforme.

Normalmente en cada caballón se siembra o planta una línea de cultivo, aunque pueden sembrarse de 3 a 5 líneas por ejemplo en cultivos como el nabo, la zanahoria o incluso en semilleros de cebolla. En estos casos, a veces, las líneas de siembra interiores del caballón reciben dosis de siembra menores, pues las plantas en este lugar van a presentar mayor competencia entre ellas que las que están en las líneas externas del caballón.

En la huerta de Valencia, la patata, se cultiva tanto en caballón (60 cm entre surcos) con una sola línea de siembra, como en meseta (1,2 m entre surcos) con dos líneas de siembra (Figura 2.2). El caballón o meseta deberá tener una anchura adecuada para que el paso de las ruedas del tractor sea por el surco, sin que se vea afectado el caballón. De hecho, casi siempre, la distancia entre caballones o mesetas va a estar condicionada por la distancia del eje de las ruedas del tractor o motocultor a emplear.

Figura 2.2. Preparación de mesetas sobre las que se ha plantado ya la patata en 2 líneas por meseta a finales de año en la huerta de Valencia

2.3. Desinfección del terreno

El suelo, presenta una gran cantidad de plagas, microorganismos y un banco de semillas de malas hierbas inmenso. Normalmente, tras la recolección de un cultivo, en sus restos quedan gran cantidad de insectos (huevos, larvas, pupas, adultos, etc.) que siguen desarrollándose ahí o pasan a refugiarse en el suelo. Lo mismo ocurre con los microorganismos (hongos y bacterias). Una forma de evitar que todos estos seres vivos interfieran en el siguiente cultivo es realizar una rotación de cultivos en la que no se repita el mismo tipo de siembra, o incluso una de la misma familia botánica que la precedente, dado el carácter específico que tienen las plagas y enfermedades.

Aun así, muchas veces el agricultor realiza la desinfección previa del terreno antes de la siembra o plantación. La desinfección del suelo puede realizarse de las siguientes formas:

a) Solarización: Es una técnica de desinfección del suelo que se realiza en verano pues se necesita de las altas temperaturas que se dan en esta época. Sobre un suelo en sazón (con una humedad aproximada a la capacidad de campo) el agricultor cubre el suelo (previamente labrado) con un plástico transparente y de unas 120 galgas (1 galga = 0,25 µm) de espesor, de manera que se crea un efecto invernadero en el suelo. Las altas temperaturas que se producen en los primeros cm del suelo son capaces de eliminar una gran cantidad de patógenos, insectos e incluso hacer que las semillas de las malas hierbas pierdan su capacidad de germinación o mueran tras germinar. El plástico ha de mantenerse en el suelo el mayor tiempo posible durante el verano. Normalmente se utiliza cuando se ha recolectado un cultivo a finales de la primavera y se quiere propagar el siguiente a finales del verano. Es típico de la horticultura con parcelas de pequeñas extensiones pues el plástico además de ser caro es difícil de extender y que se mantenga en su sitio durante varios meses. Con este procedimiento pueden obtenerse temperaturas de 45 a 50 ºC a 10 cm de profundidad del suelo y de 38 a 45 ˚C a 20 cm de profundidad.

b) Biofumigación: Este método de desinfección se basa en enterrar restos verdes (materia orgánica fresca) que al descomponerse generan sustancias que son tóxicas para hongos, insectos, semillas de malas hierbas, etc. Además, como la cantidad de materia verde enterrada es elevada (unos 5 kg/m² = 50 t/ha) el suelo mejora su estructura y con ello otros aspectos como son la correcta circulación del agua y aire en el suelo. Los restos verdes que se entierran suelen ser de cultivos de la familia de las brasicáceas como la mostaza, colza, coles, bróculi, coliflor, etc., o bien da buen resultado incorporar estiércol fresco pues genera amoniaco que es tóxico para muchos microorganismos.

c) Desinfección química: Para la desinfección química del suelo se utiliza metam-Na y metam-K. Estos productos son fungicidas, herbicidas, insecticidas y nematicidas. Se utilizan a una dosis de 300 l/ha (800 l/ha en invernadero e incluso mayores para el control de malas hierbas) y se inyectan al suelo labrado o bien se incorporan mediante el sistema de riego por goteo. Una vez hecha la aplicación, se sella el suelo con un *film* plástico (100 galgas aproximadamente) para que los gases que se desprenden (básicamente isotiocianato amónico) queden en los poros del suelo y no pasen inmediatamente a la atmósfera. El plástico permanecerá en el terreno durante unos 15-20 días y posteriormente se removerá un poco el terreno para disipar los posibles gases residuales aún existentes que pudieran afectar al siguiente cultivo. Para que estos desinfectantes hagan un buen efecto, el terreno debe estar con una temperatura entre 10-25 ºC y suficientemente húmedo.

Estos desinfectantes químicos fueron prohibidos en España a finales de 2019, con lo que ya no existe una alternativa en horticultura capaz de eliminar propágulos de plagas, enfermedades, nematodos y malas hierbas al mismo tiempo. Como novedad, hay que indicar que, a finales del año 2022, han vuelto a ser autorizados los desinfectantes del suelo metam-K y metam-Na, aunque solo en un determinado grupo de cultivos (tomate, berenjena, pimiento, lechuga, calabacín, pepino y fresa) bajo invernadero y para ser aplicados mediante riego localizado.

2.4. Aplicación de herbicidas de preemergencia

Otra labor que suele realizarse antes de la siembra o plantación es la aplicación de un herbicida residual, también llamados herbicidas remanentes o simplemente preemergentes pues evitan la germinación o emergencia de las malas hierbas. El herbicida se aplica al suelo y actúa frente a la mala hierba absorbiéndose por las raicillas de la plántula de la mala hierba en germinación. Por ejemplo, el herbicida pendimetalina que está autorizado en hortícolas tan importantes como: ajo, bróculi, cebolla, coliflor, col-repollo, guisantes verdes, lechuga, patata, pimiento, tomate, etc. Otros herbicidas residuales autorizados en hortícolas y que actúan de la misma forma son: metazacloro, propizamida, etc. Hay algunos de estos herbicidas, como la pendimetalina, que una vez aplicados al suelo necesitan ser incorporados al mismo mediante una labor o riego (5 a 8 l/m^2), pues, en caso contrario, se pierden por evaporación.

Hay otro tipo de herbicida de preemergencia que aplicado al suelo actúa de manera diferente, creando sobre el suelo una fina «película» que, al ser atravesada por la mala hierba al emerger del suelo, por contacto con el herbicida muere, es el caso del herbicida aclonifen.

Los herbicidas residuales son selectivos, actúan solo contra algunas malas hierbas y respetan a ciertas especies hortícolas. Hay además que tener en cuenta que una vez aplicados al suelo, tienen una persistencia de varios meses, que debe ser indicada en la etiqueta del herbicida, así como los cultivos sensibles a ellos. Si la persistencia es muy elevada, puede haber problemas de implantación del siguiente cultivo a la vez que más riesgo de lixiviación.

A fecha de 11 de noviembre de 2024, en España hay 11 materias activas herbicidas autorizadas para su uso en diferentes cultivos hortícolas en preemergencia o postemergencia temprana de las malas hierbas. Son los siguientes: aclonifen, clomazona, etofumesato, fendemifam, napropamida, metamitrona, metazacloro, metribucina, pendimetalina, propizamida, y prosulfocarb. Estos herbicidas, no están todos autorizados en todos los cultivos hortícolas, por ejemplo, el más generalista es pendimetalina, autorizado en 29 hortícolas, pero hay otros como el prosulfocarb que tan solo está autorizado 4 cultivos. Hay también que indicar que los herbicidas etofumesato y metamitrona, ya no se formulan solos, sino que van en mezcla, que está únicamente autorizada en los cultivos de la acelga y la remolacha de mesa.

2.5. Posibilidad de forzado del cultivo

Los cultivos hortícolas tienen, en cada zona climática, su ciclo muy bien definido, la época de implantación debe ser siempre la misma y la recolección también, variando poco (cuestión de días) entre un año y otro debido a ligeras variaciones en la climatología. Con la aparición de los materiales plásticos para la agricultura en la segunda mitad del siglo xx, los ciclos de los cultivos se forzaron, adelantándose las siembras/plantaciones para recolectar también antes y así especular con el precio de mercado. O incluso cambiando totalmente la época de cultivo, pues los de verano pueden ser ahora cultivados en otoño-invierno gracias a los invernaderos.

La manera más simple de adelantar una siembra es mediante el acolchado del caballón o meseta con material plástico, normalmente negro para así evitar, además, la emergencia de malas hierbas. El plástico negro al absorber gran cantidad de radiación, la transmite en parte al suelo por conducción y es capaz de elevar un poco la temperatura de éste y por tanto del sistema radical de los cultivos, pudiéndose adelantar algo las siembras, aunque de forma leve. Si se quiere adelantar de forma significativa la siembra, se puede, además de acolchar el caballón, instalar un tunelillo (Figura 2.3) que se irá abriendo progresivamente para no sofocar a la planta, pues estará creciendo vigorosamente dentro de él.

Figura 2.3. Sandía recién plantada sobre acolchado y bajo tunelillo en L´Horta Nord de la ciudad de Valencia a mitad del mes de marzo

Este último es el caso habitual de forzado del cultivo de la sandía en la huerta de Valencia que pasa de sembrarse/plantarse a principios de mayo de manera natural a hacerlo a mitad de marzo cuando se protege con acolchado más tunelillo.

El siguiente nivel de forzado es el invernadero, que modifica totalmente el ciclo de cultivo de los hortícolas. El caso más llamativo es la zona de invernaderos de Almería, la mayor concentración de invernaderos del mundo, unas 30 000 ha cubiertas con plástico que permiten el cultivo de la judía, cucurbitáceas y solanáceas durante el otoño-invierno aun siendo estos cultivos de verano. En este caso los cultivos se trasplantan al invernadero en el mes de agosto, empezando las primeras recolecciones alrededor del mes de noviembre y extendiéndose éstas hasta incluso el mes de junio en el caso del tomate de ciclo largo e injertado, ya que el injerto induce vigor.

2.6. Siembra o plantación

Una vez preparado el terreno, la implantación del cultivo hortícola en campo puede hacerse de las siguientes formas:

a) Siembra directa de semilla en campo: No es lo más habitual en la zona litoral del Mediterráneo con horticultura tradicional, pero se hace a veces, sobre todo en grandes extensiones o con algún tipo de cultivo (chirivía, nabo, rábano, zanahoria, etc.). La semilla suele ir pildorada y recubierta con algún insecticida/fungicida. En la huerta de Valencia se hace con cebolla (poco) y nabo. En la zona de El Perelló se realiza con las verduras orientales, y en la horticultura extensiva de Albacete, se realiza con la cebolla. En otras zonas de horticultura más extensiva, se hace con otras muchas especies. La siembra es mecanizada y puede ser tanto de precisión como al chorrillo. Las dosis de siembra son muy dependientes precisamente de si se hace la siembra al chorrillo o de precisión, y también del tamaño de la semilla, pero son del orden de 0,5 a 5 kg/ha.

b) Siembra en semillero y posterior trasplante: Un semillero comercial se encarga de sembrar, previo encargo, una cantidad de semillas determinada de cada cultivo y tras la germinación, mantiene las plántulas hasta que alcanzan un cierto tamaño o estado fenológico, que normalmente suele ser de 3 a 4 hojas verdaderas desplegadas. Aproximadamente discurren unos 40 días desde la siembra hasta que las plántulas están listas. Se siembran en bandejas de alveolos que luego se llevan a campo (Figura 2.4). La plantación posterior puede ser manual o mecanizada, dependiendo fundamentalmente del tamaño de parcela. En ocasiones un campo puede hacer la función de semillero, sembrando de forma muy densa y posteriormente arrancando la planta y llevándola a terreno definitivo, es el caso de la cebolla en las comarcas litorales de la Comunidad Valenciana.

A la hora de realizar el encargo al semillero, hay que saber el número de plántulas que se necesitarán en el campo y este número está obviamente relacionado con el marco de plantación que se prepare. Por ejemplo, con un marco de plantación para el cultivo de la lechuga de 60 cm × 25 cm (60 cm de distancia entre caballones y 25 cm de distancia entre plantas dentro del mismo caballón), en una hectárea se necesitarán:

N.º de plantas/ha= (100 m/0,6 m) × (100 m/0,25 m) = 166 × 400 = 66 400 plantas/ha

c) «Siembra» de tubérculos en campo: Se realiza en el cultivo de la patata «sembrando» trozos de tubérculo y en el de la chufa «sembrando» el tubérculo entero. La siembra es mecanizada y se realiza sobre el suelo en sazón, sobre todo en la patata pues no conviene regar inmediatamente para que no se pudra el tubérculo de siembra.

d) Siembra de bulbos o bulbillos: Se hace con cebolla, plantando pequeños bulbos de cebolla sobre la superficie de un caballón. Suele hacerse en la huerta de Valencia a finales de agosto para recolectar la cebolla tierna a mediados de diciembre (campaña de Navidad). También se realiza la implantación de bulbos de cebolla para la obtención de los *calçots* que brotan de estos bulbos.

Figura 2.4. Bandeja de alveolos con plantas de cebolla listas para ser trasplantadas

e) Siembra de dientes de ajo: Se siembran directamente en campo, aproximadamente entre los meses de noviembre y diciembre, en zonas frías del interior peninsular y es muy importante hacerlo con el brote hacia arriba.

f) Plantación de garras: La garra es una superficie rizomatosa con yemas latentes típica del cultivo del espárrago. Se plantan a mediados del invierno y de ellas van surgiendo los tallos que se recolectan.

g) Plantación de zuecas: La zueca es la base del tallo de la alcachofa junto con parte de su sistema rizomatoso, que presenta varias yemas latentes que originan uno o varios brotes formando la planta de la alcachofa. La plantación se realiza en verano (agosto). Casi todas las zuecas que se plantan en la Comunidad Valenciana provienen de la zona hortícola de Navarra. Otra modalidad parecida es la plantación de estacas de alcachofa que no son más que zuecas desprovistas de sistema rizomatoso.

h) Hijuelos: La alcachofa se propaga también a partir de hijuelos que emergen a inicios de año y que se extraen de la planta madre en el mes de febrero. Estos hijuelos se plantan en semilleros bien protegidos y a alta densidad y posteriormente, en el mes de agosto, se llevan a campo definitivo.

i) Estolones: Son tallos rastreros que en sus nudos presentan raíces adventicias capaces de enraizar y formar una nueva planta como en la fresa. Las plantas madre de la fresa, emiten estolones produciendo nuevas plantas que se llevan a terreno definitivo para la fase de producción.

j) Esquejes: Son trozos de tallos con hojas, que dispuestos en el suelo y parcialmente enterrados son capaces de enraizar y formar una nueva planta. Es la forma habitual de propagación del boniato que en la huerta de Valencia se realiza en el mes de junio.

Existen muchas variedades comerciales de cada cultivo hortícola. Antiguamente, el agricultor mediante observación era capaz de detectar las mejores plantas de su cultivo, las dejaba semillar y recolectaba las semillas en vez de la parte aprovechable de la planta para su consumo/venta. Estas semillas las conservaba y le servían para propagar el cultivo de nuevo. Además, el agricultor cultivaba cada especie hortícola en la época que le tocaba según las características climáticas del lugar, es decir no forzaba el cultivo mediante plásticos en otras épocas pues éstos no existían.

Con el gran desarrollo de los materiales plásticos y de la mejora genética moderna, los genetistas han obtenido infinidad de variedades de cada especie (híbridos), adaptadas a diferentes climas y dotándolas de tolerancias y resistencias a organismos perjudiciales y factores abióticos (normalmente climáticos). La elección de la variedad a sembrar se ha convertido en una decisión complicada, en la que muchas veces priman los aspectos especulativos-empresariales sobre los eminentemente agronómicos o de calidad organoléptica.

En España, existe una publicación, llamada *Portagrano* (Marín, 2023), que es un compendio de todas las variedades comerciales de cultivos hortícolas existentes en España. Se publica cada 1-2 años y recoge las características de cada variedad hortícola, incluyendo las tolerancias y resistencias a virus y otros patógenos introducidas por los genetistas.

La decisión sobre la elección de la variedad a sembrar muchas veces se toma de acuerdo con el comerciante que ha de comprar la cosecha. Esto, en ocasiones, suele ser lo más aconsejable pues asegura, normalmente, la venta del cultivo (aunque no el precio). En otras ocasiones es el mismo comerciante quien toma la decisión, incluso compra las plantas y realiza la plantación, estando únicamente el agricultor encargado de cultivarlas.

Una vez se ha tomado la decisión de la variedad a sembrar, hay que encargársela a un semillero profesional donde, además de las semillas de la variedad escogida, en muchos casos habrá que sembrar la variedad que servirá como portainjertos o patrón.

2.7. Injerto

El injerto no es una operación exclusiva de los cultivos leñosos, también se practica en los herbáceos. El injerto es la operación por la que se unen tejidos procedentes de plantas distintas para formar una sola planta (Pina, 2008). Una de las dos plantas aporta el sistema radical y se llama «patrón», «pie» o «portainjerto» mientras que la otra aporta la parte aérea, en la que se desarrolla el fruto a recolectar y suele llamarse «variedad».

El patrón es una especie botánicamente próxima a la variedad injertada, suele ser una planta rústica, con gran vigor y con gran tolerancia o resistencia tanto a agentes abióticos (salinidad, sequía, pH del suelo, encharcamiento, etc.) como bióticos (enfermedades, nematodos, etc.).

Los objetivos que se buscan en la operación de injerto de una planta hortícola son esencialmente dos:

a) Dar un mayor vigor a la variedad, pues muchas veces las variedades híbridas actuales adolecen de esta cualidad.

b) Dar tolerancia o resistencia a factores bióticos o abióticos.

Según Miguel y Martín (2007), un buen «patrón» debe reunir las siguientes cualidades:

a) Ser inmune o tolerante frente a la enfermedad que se desea prevenir.

b) No ser afectado por otro «parásito» del suelo.

c) Tener vigor y rusticidad.

d) Tener buena afinidad con la planta que se injerta.

e) Presentar buenas condiciones para realizar el injerto.

f) No modificar desfavorablemente la calidad del fruto.

En España, en cultivos hortícolas, el injerto está totalmente generalizado en cucurbitáceas (calabacín, melón, pepino y sandía) y en solanáceas (tomate, berenjena, y pimiento).

Los «portainjertos» más utilizados son:

a) En sandía: Híbridos del género *Cucurbita* (*Cucurbita maxima* × *Cucurbita moschata*) siendo este el más utilizado; *Lagenaria siceraria* (calabaza del peregrino); *Citrullus lanatus* (líneas seleccionadas de sandías silvestres); y *Cucurbita* sp. (como la calabaza de violín, *C. moschata*).

b) En melón: Híbridos del género *Cucurbita* (*Cucurbita maxima* × *Cucurbita moschata*) siendo este el más utilizado; *Benincasa cerifera*; y *Cucumis melo*.

c) En pepino: Híbridos del género *Cucurbita* (*Cucurbita maxima* × *Cucurbita moschata*) siendo este el más utilizado; *Cucurbita moschata*; y *Cucurbita ficifolia*.

d) En calabacín: Híbridos del género *Cucurbita* (*Cucurbita maxima* × *Cucurbita moschata*).

e) En tomate: Híbridos interespecíficos de *Lycopersicum esculentum* × *Lycopersicum hirsutum*; *Solanum torvum*; y *Solanum* sp.

f) En berenjena: *Solanum torvum*.

g) En pimiento: *Capsicum* sp.

Los métodos de injerto más utilizados en cucurbitáceas son el de aproximación, el de púa o cuña y el adosado o de empalme, mientras que en solanáceas el más normal es el de púa terminal.

Es muy importante a la hora de programar la labor del injerto en un semillero, sincronizar el patrón y la variedad, es decir, que ambos lleguen al momento del injerto con un grosor de tallo parecido. Para conseguirlo, no se siembran a la vez, por ejemplo, en un injerto de empalme en solanáceas, si el patrón es un híbrido interespecífico (*L. esculen*tum × *L. hirsu*tum), la variedad hay que sembrarla 3 a 5 días después. En cambio, si el patrón es *L. esculentum*, ambos se siembran a la vez.

Por último, hay que indicar que una vez se realiza el injerto, las condiciones de temperatura y humedad durante los días siguientes al injerto deben ser muy concretas y de este microclima dependerá mucho el éxito de este. Antes de injertar, las plantas deberán estar entre 15 y 30 °C. Después del injerto, la temperatura debe estar durante los primeros días entre 25 y 30 °C en cucurbitáceas y 20 a 25 °C en solanáceas. La humedad deberá rondar entre 80 y 90 %. Dependiendo de la especie y el tipo de injerto, el trasplante a campo suele realizarse a los 15-30 días en cucurbitáceas y 10 a 21 días en solanáceas.

En la Tabla 2.7 se exponen las afinidades entre diferentes patrones y especies de la familia de las solanáceas.

Tabla 2.7. Afinidad entre «portainjerto» y variedad en solanáceas.
Fuente: Miguel y Martín, 2007

	Tomate	Berenjena	Pimiento
Tomate	++++	++++	+
Berenjena	++++	++++	+
Pimiento	+	+	++++
Nicotiana xanthi	+++	++	+
Datura stramonium	+++	+++	+
Solanum torvum	++	++++	+
Solanum integrifolium	+++	++++	+
Solanum stramoniflorum	+++	++	+
Solanum sessiliflorum	+	+	+

++++: Muy buena afinidad; +++: Buena afinidad: ++: Media afinidad; +: Mala afinidad

2.8. Riego de plantación

Normalmente, salvo que se esté cultivando en zonas de precipitaciones frecuentes, es casi obligado dar un riego abundante justo después de realizar la siembra o trasplante. Con ello se conseguirá activar las enzimas necesarias que inician la germinación en las semillas cuando se realiza la siembra directa o se conseguirá que las raicillas de los cepellones, que han pasado de un ambiente controlado en el semillero a uno «hostil» en campo, enseguida empiecen a funcionar cuando se hace el trasplante.

El riego de implantación suele ser abundante pues no se puede poner en riesgo la implantación del cultivo en esta fase tan crítica. En el caso de la patata no suele darse ese riego, pues se planta en sazón, con una humedad del suelo adecuada, que, si fuese excesiva, terminaría por pudrir el tubérculo madre.

2.9. Casos particulares de implantación del cultivo sin el suelo natural o sin suelo

No toda la horticultura se realiza sobre suelo natural, en algunas ocasiones el suelo natural es previamente modificado para mejorar sus propiedades fisicoquímicas o simplemente se prescinde del suelo y se cultiva sobre sustratos más o menos inertes (turba, fibra de coco, lana de roca, etc.) o incluso sobre un medio líquido que suele ser una solución nutritiva perfectamente equilibrada. Son estos últimos, junto con los realizados en sustratos inertes, los llamados cultivos hortícolas hidropónicos.

2.9.1. Enarenados

Es un caso particular de preparación del terreno en cultivos hortícolas bajo plástico en la zona de Almería. En los años 70 del pasado siglo, se desarrolló increíblemente la agricultura de esta zona gracias, no sólo a la aparición de plásticos, sino a la mejora del terreno pues éste era de mala calidad para la producción de cultivos hortícolas.

Sobre el terreno original (muy baja calidad) se dispone una capa de 10 a 40 cm de suelo procedente de canteras próximas que actuará como un horizonte impermeable. La textura de esta capa es desde arcillosa a franco arenosa y presenta un bajo nivel de fertilidad. Posteriormente se añade el horizonte nutritivo compuesto por unos 2 cm de espesor de estiércol (60 a 65 t/ha), junto con un abonado mineral. Sobre la capa de estiércol se dispone una capa de unos 7 a 12 cm de arena (1000 m³/ha).

La ventaja de este sistema es que, tanto el estiércol como la arena, al calentarse, ceden calor al cultivo, estimándose que en invierno hay 2 °C más que en un suelo no enarenado con lo que la recolección de un cultivo puede adelantarse de 15 a 20 días. Además, al enfriarse la arena más rápidamente por la noche, condensa el agua ambiental que acaba formando una película sobre el suelo que evita el escape de las radiaciones infrarrojas emitidas por el suelo. Otro efecto beneficioso es que no hay pérdida de agua por evaporación pues la arena rompe la capilaridad natural del suelo y como efecto secundario positivo está que al no subir el agua por capilaridad tampoco suben las sales. Se estima que puede ahorrarse un 20 % de agua con este sistema (Lao y Jiménez, 2002). Como gran desventaja de este sistema está el coste de instalación, que se hace de manera anual (estiércol + arena) y se denomina retranqueo.

2.9.2. Cultivos sin suelo

Hay un tipo de horticultura, normalmente forzada bajo invernadero, que no utiliza suelo como sustrato para el crecimiento de las plantas. Utiliza otros materiales, algunos muy inertes (casi no realizan intercambios de nutrientes con la planta) que suelen servir casi exclusivamente de sostén de las mismas, son por ejemplo las turbas, fibra de coco, lana de roca u otro material confinado en sacos de plástico o macetas. Una variante de este sistema son los cultivos en agua, en los que ni siquiera existe un sustrato para el sostén de las plantas, descansando el sistema radical directamente en el agua. En los sistemas de cultivo hortícola sin suelo, es fundamental aportar una solución nutritiva bien equilibrada de manera frecuente tanto a los sustratos mencionados como al agua.

2.10. Cuestiones

Conteste a las siguientes cuestiones razonando la respuesta:

1. Para el plan de fertilización de un cultivo hortícola, ¿por qué es importante tener en cuenta el cultivo que hubo previamente al cultivo en curso?

2. ¿Por qué en el abonado de fondo no se incluyen el 100 % de las necesidades en nitrógeno?

3. ¿Por qué no se realiza la fertilización de cobertera en cultivos como el nabo o el rábano?
4. Para riego localizado, ¿es necesario nivelar el terreno?
5. Indique 3 inconvenientes de la técnica de solarización para la desinfección del terreno.
6. Indique 3 cultivos en los que se emplea siembra directa de semilla en campo, y 3 cultivos de siembra en semillero y posterior trasplante en campo.
7. Indique 3 ventajas y desventajas de la técnica del injerto en hortícolas.
8. Averigüe las ventajas y desventajas de los diferentes órganos de propagación en la alcachofa.
9. ¿Qué tipo de cultivos hortícolas no necesitan de un buen riego de implantación?
10. Averigüe los niveles de contaminación de nitratos en los municipios de L´Horta Nord de Valencia.
11. Averigüe la distancia entre ruedas de tractores agrícolas y relaciónelos con la distancia entre caballones y mesetas de un cultivo hortícola.
12. ¿Por qué se hacen caballones en cultivos hortícolas regados por aspersión?
13. ¿Por qué no existe en la huerta que rodea la ciudad de Valencia una estructura agraria parecida a la zona de cultivos forzados de la provincia de Almería?

3
Labores intermedias

3.1. Introducción

Una vez implantado el cultivo y hasta la recolección de este, son múltiples las labores agrícolas que se realizan en horticultura, al contrario que en los cultivos herbáceos extensivos. Quizás las más importantes sean el riego, la fertilización y el control de plagas, enfermedades y malas hierbas. El grado de complejidad de las mismas varía mucho según el cultivo hortícola, pues una misma especie puede ser cultivada en una huerta de pequeña extensión al aire libre o en un sofisticado invernadero con control térmico, lumínico, etc. En este tema se van a desarrollar todas estas labores, salvo las correspondientes a la sanidad vegetal, que se posponen al siguiente tema.

3.2. Aclareo y reposición de marras

El aclareo consiste en dejar una sola planta por golpe de siembra cuando se han depositado varias semillas en el mismo lugar o se ha realizado la siembra al chorrillo pretendiendo luego, que las plantas queden a una distancia determinada. En el caso de que no salgan adelante las semillas en una zona del campo o no arraiguen bien los trasplantes, habrá que reponer la planta en esos lugares, es decir habrá que realizar una reposición de marras (fallos).

Son labores poco realizadas hoy en día. En primer lugar, porque el trasplante ha ganado mucho terreno a la siembra directa y éste tiene muchas más posibilidades de salir adelante que una semilla. En segundo lugar, porque, aun haciendo la siembra directa, las semillas híbridas cultivadas hoy en día tienen un porcentaje de viabilidad mucho mayor que antiguamente. Sin embargo, muchas veces cuando se realiza el trasplante de cepellones mediante trasplantadora, ésta falla y deja el sistema radical de los cepellones muy al aire, por lo que es necesario que tras esta máquina un grupo de operarios corrija los fallos, es decir realicen una «pre» reposición de marras.

En semilleros profesionales, el aclareo de alveolos en las bandejas de poliestireno y la reposición de alveolos fallados es una práctica habitual. Al final se pretende que cada bandeja de alveolos presente una planta por alveolo sin que haya un alveolo vacío.

3.3. Riego

3.3.1. Cálculo de las necesidades de riego

La programación del riego en los cultivos hortícolas puede ser muy diversa, depende de si es un cultivo al aire libre o si es un cultivo forzado en invernadero. En el primer caso, a la hora del cálculo de las necesidades de riego hay que tener en cuenta la precipitación, en cambio en invernaderos el aporte del agua de lluvia se excluye del cálculo.

En cultivos hortícolas al aire libre el sistema de riego puede ser por gravedad (en superficies pequeñas) o a presión en horticultura extensiva, bien sea mediante aspersión o de alta frecuencia («goteo»). En cambio, el sistema de riego casi exclusivo en cultivos hortícolas bajo invernadero es el goteo.

Las necesidades hídricas de cada cultivo dependen en primer lugar de la evapotranspiración potencial (ETP) del lugar, que junto al coeficiente de cultivo Kc, conforman la evapotranspiración del cultivo (ETc) que es dependiente, obviamente, de la fase en que se encuentra el cultivo, siendo mayor en la fase de desarrollo de éste que en la fase inicial. En la Tabla 3.1 se exponen las Kc de diferentes cultivos hortícolas dependiendo de la fase en la que se encuentren.

$$ETc \ (mm) = ETP \ (mm) \times Kc \qquad \textbf{Ecuación 3.1}$$

Tabla 3.1. Coeficientes de cultivo (Kc) de diferentes cultivos hortícolas.
Fuente: Martínez, 2004

Cultivo	Coeficiente de cultivo (Kc)		
	Inicial	Medio	Final
Ajo	0,70	1,00	0,7
Alcachofa	0,50	1,00	0,95
Berenjena	0,60	1,05	0,90
Brócoli	0,70	1,05	0,95
Calabacín	0,50	0,95	0,75
Calabaza	0,50	1,00	0,80
Cebolla	0,70	1,05	0,75
Coliflor	0,70	1,05	0,95
Espinaca	0,70	1,00	0,95
Guisante	0,50	1,15	1,10
Haba verdeo	0,50	1,15	1,10
Judía verdeo	0,50	1,05	0,90
Lechuga	0,70	1,00	0,95
Patata	0,50	1,15	0,75
Pepino	0,60	1,00	0,75
Pimiento	0,60	1,05	0,90
Repollo	0,70	1,05	0,95
Tomate	0,60	1,15	0,70-0,90
Zanahoria	0,70	1,05	0,95

Las unidades de la evapotranspiración son los mm de altura de agua, al igual que las unidades de precipitación. La evapotranspiración potencial (ETP) varía con el lugar y el tiempo. Así, en Valencia hay unos niveles diarios mínimos en el mes de enero de unos 0,5 mm y máximos diarios en el mes de julio de unos 7 mm. La evapotranspiración media en Valencia teniendo en cuenta una serie histórica de 25 años es de 836 mm, mientras que la precipitación es de 422 mm. Este déficit hídrico es básicamente el que hay que compensar con el riego en caso de ser un cultivo de un año de duración.

Se puede pues decir que un cultivo de pimiento en Valencia en el mes de julio (mitad de su ciclo) tendrá una evapotranspiración máxima en un día concreto de unos 7 mm × 1,05 = 7,35 mm que equivale a 7,35 l/m^2 de agua que habrá que incorporar al suelo para compensar la evapotranspiración.

En segundo lugar, hay que tener en cuenta tanto la precipitación del lugar (en l/m^2 = mm) como la eficiencia del sistema de riego (gravedad 40-50 %; aspersión 55-65 %; goteo

70-80 %), por lo que simplificadamente, las necesidades de riego a la hora de programarlo para un cultivo hortícola al aire libre serán:

$$\text{Necesidades} = (\text{ETc} - \text{Precipitación}) \times \text{Eficiencia de riego} \qquad \textbf{Ecuación 3.2}$$

Otro aspecto a tener en cuenta, es que en muchos cultivos hortícolas es importante el momento del corte del agua de riego para concentrar los jugos en los frutos (aumentar los grados Brix) a recolectar y agrupar la maduración. Es muy importante en el tomate de industria, pues la recolección es mecanizada y de una sola pasada.

3.3.2. Ejemplos de necesidades de riego en diferentes cultivos y sistemas de riego

En un cultivo por inundación en horticultura de pequeña escala como podría ser la de la huerta de Valencia, se dan de 3 a 10 riegos dependiendo del tipo de cultivo. Así, en el cultivo de la patata temprana que se siembra a finales de diciembre y se recolecta a mediados de abril (ciclo de unos 4 meses), se suelen dar 4 a 6 riegos, dependiendo de las precipitaciones (Figura 3.1).

Figura 3.1. Riego por gravedad en un cultivo de patata en la huerta de Vera (Valencia)

En una zona próxima (Huerta sur de Valencia), un cultivo de patata por riego localizado viene a consumir entre 2500 y 4000 m³/ha y el riego se fraccionaría de la manera que indica la Tabla 3.2.

Tabla 3.2. Aporte de agua mediante riego localizado en un cultivo de patata en la huerta sur de Valencia.
Fuente: Cajamar, 2015

Semanas a partir de la brotación	Dosis de riego (l/m² y semana)	Semanas a partir de la brotación	Dosis de riego (l/m² y semana)
1	20-28	8	28-42
2	20-28	9	20-35
3	20-28	10	20-35
4	20-28	11	20-35
5	28-42	12	14-28
6	28-42	13	10-20
7	28-42		

Por ejemplo, un cultivo de patata en Navarra mediante aspersión, que se siembra a finales de marzo y se recolecta a finales de agosto, consume unos 5109 m3/ha distribuidos tal y como se muestra en la Tabla 3.3.

Tabla 3.3. Consumo de agua de un cultivo de patata por aspersión en Navarra.
Fuente: Rodríguez y Garnica, 2009

Mes	Consumo de agua en m³/ha
Abril	481
Mayo	566
Junio	1456
Julio	1333
Agosto	1274
Total	**5109**

Otro ejemplo del consumo de agua de un cultivo de patata regado por aspersión en la provincia de Burgos es el que se muestra en la Tabla 3.4.

Tabla 3.4. Consumo de agua en un cultivo de patata en la provincia de Burgos.
Fuente: Vyrsa, 2015

Etapa			Frecuencia de riegos (días)		Consumo (l/m² y día)
Denominación	Duración ciclo	Mes del año	Suelo ligero	Suelo pesado	
Siembra a emergencia del tallo	0-35	Marzo	2-3	1-2	9-10
Crecimiento hasta 50 % de cobertura	35-65	Abril-mayo	3-5	5-7	10-11
Total cobertura, llenado de tubérculos hasta 20 días antes del desecamiento del follaje	65-90	Junio	3-4	4-5	11-13
Final del crecimiento hasta desecación total	90-130	Julio-agosto	3-4	4-5	11-12
Madurez de la piel de los tubérculos	130-150	Agosto-sept.	1-2	1-2	11-8

Otro ejemplo interesante del fraccionamiento del riego cuando este se realiza de manera localizada en horticultura extensiva al aire libre puede verse en la Tabla 3.5. Se observa que la lechuga necesita, en primer lugar, un abundante riego de plantación (50 l/m²) seguido de riegos cada 4 a 7 días con una dosis de 10 a 37 l/m² dependiendo de la época del año en que se cultive la lechuga. La cantidad total de agua consumida por el cultivo varía en el rango 1980 a 3140 m³/ha (1 mm = 10 m³/ha).

Tabla 3.5. Consumo de agua semanal (l/m²) en lechuga iceberg en el Campo de Cartagena (Murcia) dependiendo de la fecha de plantación. ETP: Evapotranspiración potencial en mm/día; D: dosis de riego en l/m² y semana. Sem.: Semanas; d.: días.
Fuente: González y López, 2003

	Fecha de plantación											
	15 septiembre		15 octubre		15 noviembre		15 diciembre		15 enero		15 febrero	
Ciclo	70 días		90 días		105 días		110 días		90 días		70 días	
Frecuencia	Cada 4 días		Cada 4 días		Sem. (1-7) cada 7 d. y sem. (8-15) cada 4 días		Sem. (1-8) cada 7 d. y sem. (9-16) cada 4 días		Sem. (1-6) cada 7 d. y sem. (7-13) cada 4 días		Sem. (1-5) cada 7 d. y sem. (6-10) cada 4 días	
	ETP	D	ETP	D	ETP	D	ETP	D	ETP	D	ETP	D
Riego de plantación		50		50		50		50		50		50
Semana												
1	3,55	24	2,30	17	1,25	10	1,02	10	1,17	10	1,95	12
2	3,20	23	1,77	14	1,35	10	1,00	10	1,36	10	1,71	11
3	3,50	26	1,62	13	1,10	10	0,98	10	1,64	12	2,29	16
4	2,85	23	1,48	12	0,96	10	0,95	10	1,74	14	2,36	18
5	2,31	19	1,25	11	1,02	10	0,77	10	1,95	16	2,70	22
6	2,30	20	1,35	12	1,00	10	1,17	10	1,71	15	2,85	25
7	1,77	16	1,10	10	0,98	10	1,36	11	2,29	20	3,36	30
8	1,62	14	0,96	10	0,95	10	1,64	14	2,36	21	3,76	33
9	1,48	13	1,02	10	0,77	10	1,74	15	2,70	24	4,17	37
10	1,25	10	1,00	10	1,17	10	1,95	17	2,85	25	4,27	34
11			0,98	10	1,36	12	1,71	15	3,36	30		
12			0,95	10	1,64	14	2,29	20	3,76	33		
13			0,77	10	1,74	15	2,36	21	4,17	33		
14					1,95	17	2,70	24				
15					1,71	14	2,85	25				
16							3,36	27				
TOTAL		238		198		223		300		314		289

El riego de cultivos hortícolas en invernadero es también muy fraccionado, como se observa en la Tabla 3.6 correspondiente al cultivo del tomate en invernadero en la provincia de Almería. Obsérvese como el cultivo del tomate puede implantarse ya desde el mes de agosto y hasta el mes de enero. Hay que indicar que el ciclo de cultivo del tomate en invernadero en la provincia de Almería puede ser un clico corto, al implantarlo en agosto y recolectar por última vez a mediados de enero dando paso posteriormente a un ciclo corto de alguna cucurbitácea.

Tabla 3.6. Consumo medio (l/m^2 día) del cultivo del tomate bajo invernadero en Almería. Fuente: Cajamar, 2005

Mes	Semana	Fechas de trasplante					
		2ª quincena agosto	1ª quincena septiembre	2ª quincena septiembre	1ª quincena octubre	2ª quincena diciembre	2ª quincena enero
Agosto	16 al 23	0,7					
	24 al 31	0,7					
Septiembre	1 al 7	1,6	0,7				
	8 al 15	2,3	0,7				
	16 al 22	2,8	1,2	0,6			
	23 al 30	3,2	1,7	0,5			
Octubre	1 al 7	3,2	2,0	0,8	0,5		
	8 al 15	2,7	2,1	1,1	0,4		
	16 al 22	2,5	2,3	1,4	0,5		
	23 al 31	2,1	2,1	1,5	0,7		
Noviembre	1 al 7	1,9	1,9	1,6	0,9		
	8 al 15	1,6	1,6	1,5	0,9		
	16 al 22	1,5	1,5	1,5	1,0		
	23 al 30	1,3	1,3	1,3	0,9		
Diciembre	1 al 7	1,0	1,0	1,0	0,9		
	8 al 15	1,0	1,0	1,0	0,9		
	16 al 22	0,9	0,9	0,9	0,9	0,1	
	23 al 31	0,9	0,9	0,9	0,9	0,1	

(continúa)

(continuación)

Mes	Semana	Fechas de trasplante					
		2ª quincena agosto	1ª quincena septiembre	2ª quincena septiembre	1ª quincena octubre	2ª quincena diciembre	2ª quincena enero
Enero	1 al 7	0,9	0,9	0,9	0,9	0,1	
	8 al 15	1,0	1,0	1,0	1,0	0,1	
	16 al 22	1,0	1,0	1,0	1,0	0,2	0,2
	23 al 31	1,1	1,1	1,1	1,1	0,2	0,2
Febrero	1 al 7	1,3	1,3	1,3	1,3	0,3	0,2
	8 al 14	1,3	1,3	1,3	1,3	0,4	0,2
	15 al 21	1,4	1,4	1,4	1,4	0,6	0,3
	22 al 28	1,4	1,4	1,4	1,4	0,8	0,3
Marzo	1 al 7	1,5	1,5	1,5	1,5	1,0	0,5
	8 al 15	1,6	1,6	1,6	1,6	1,3	0,7
	16 al 22	1,9	1,9	1,9	1,9	1,8	1,2
	23 al 31	2,1	2,1	2,1	2,1	2,3	1,6
Abril	1 al 7	2,5	2,5	2,5	2,5	3,1	2,2
	8 al 15	2,6	2,6	2,6	2,6	3,6	2,8
	16 al 22	2,9	2,9	2,9	2,9	4,1	3,5
	23 al 30	3,1	3,1	3,1	3,1	4,4	4,3
Mayo	1 al 7	3,0	3,0	3,0	3,0	4,2	4,2
	8 al 15	3,2	3,2	3,2	3,2	4,5	4,5
	16 al 22	3,3	3,3	3,3	3,3	4,7	4,7
	23 al 31	3,3	3,3	3,3	3,3	4,6	4,6

En definitiva, el riego en los cultivos hortícolas es fundamental, obligatorio en la mayor parte de España tan solo para que la planta sobreviva y debe ser además abundante para obtener rendimientos elevados. Las necesidades de riego son muy variables y, como se ha dicho, dependen en gran medida de la climatología del lugar, la especie y el forzado del cultivo, pero esencialmente podría decirse que las necesidades varían entre los 1000 a 2000 m³/ha en cultivos de ciclo corto en otoño-invierno como espinaca, lechuga, nabos y rábano, hasta los 8000-10 000 m³/ha que pueden gastarse en cultivos como la alcachofa y la chufa.

3.3.3. Calidad del agua de riego

Otro tema importante es la calidad del agua de riego. Ya se ha hablado en el capítulo anterior que, por ejemplo, la carga de iones nitrato que presenta el agua de riego en algunas zonas hortícolas ha de ser cuantificada a la hora de realizar el programa de fertilización. Además, es sumamente importante conocer la cantidad total de sales disueltas que, en caso de ser elevada, causará problemas en el cultivo por salinidad excesiva.

El contenido en sales del suelo y del agua de riego están directamente relacionadas con su conductividad eléctrica, por lo que la simple medida de la conductividad eléctrica (dS/m = mmho/cm) indica el grado de salinización del suelo o agua. En general, se puede decir que el rango de 2-3 dS/m es el límite de conductividad eléctrica del suelo que no debería sobrepasarse, aunque cada cultivo es diferente. Así, los cultivos de la familia de las amarantáceas (acelga, espinaca y remolacha) son muy resistentes a la salinidad, mientras que los pertenecientes a las asteráceas (escarola, lechuga, etc.) son mucho más sensibles. En la Tabla 3.7 puede verse la tolerancia o sensibilidad de algunas especies hortícolas frente a la salinidad del suelo.

Tabla 3.7. Límites de salinidad del suelo para diferentes cultivos hortícolas

Especie	CE (dS/m)	Especie	CE (dS/m)
Apio	1,8	Lechuga	1,3
Bróculi	2,8	Nabo	0,9
Boniato	1,5	Patata	1,7
Calabacín	3,2–4,7	Pepino	2,5
Cebolla	1,2	Pimiento	1,5
Col repollo	1,8	Rábano	1,2
Espárrago	4,1	Remolacha de mesa	4,0
Espinaca	2,0	Tomate	2,5
Fresa	1,0	Zanahoria	1,0
Judía	1,0		

Otro problema de calidad del agua de riego puede ser la presencia de iones sodio en altas concentraciones, que están relacionados con la pérdida de estructura del suelo y por tanto de permeabilidad del mismo y la presencia de algunos otros iones en exceso que causen fitotoxicidad.

3.3.4. Ventajas y desventajas de los principales sistemas de riego

Cada sistema de riego tiene sus propias ventajas y desventajas, que pueden variar según el tipo de cultivo, las condiciones climáticas, etc. En el siguiente cuadro, se muestran las principales ventajas y desventajas del riego por inundación, riego por aspersión y riego por goteo.

Riego por inundación	Riego por aspersión	Riego por goteo
Ventajas		
• Bajo costo inicial. • Bajo consumo de energía.	• Escaso o nulo movimiento de tierras para instalar el sistema de riego. • Distribución uniforme y eficiencia en el uso del agua. • Ahorro en mano de obra. • Adecuado para grandes extensiones de tierra.	• Escaso o nulo movimiento de tierras para instalar el sistema de riego. • Distribución uniforme y alta eficiencia en el uso del agua y fertilizantes. • Minimiza el riesgo de enfermedades. • Reducción del problema de las malas hierbas. • Mayor rendimiento y calidad de las cosechas, • Ahorro en mano de obra.
Desventajas		
• Requiere nivelación del terreno. • Baja eficiencia en el uso de agua. • Requiere mano de obra.	• Mayor costo de instalación y mantenimiento. • Interferencias con la fecundación en los cultivos aprovechados por sus frutos. • Riesgo de enfermedades al mojar la planta. • Consumo de energía.	• Mayor costo de instalación y mantenimiento. • Mantenimiento y obstrucción de goteros. • Consumo de energía.

3.4. Fertilización

La nutrición del cultivo debe quedar programada a inicios del mismo y como se explicó en el segundo tema, debiera tener en cuenta tanto un análisis del suelo como las aportaciones de elementos minerales de la incorporación de los restos de la cosecha anterior, del estiércol y el aporte de nitrógeno del agua de riego. Antes de la siembra o plantación se efectúa el abonado de fondo con prácticamente todo el fósforo y potasio y una fracción del nitrógeno. A partir de este momento hay que programar los abonados de cobertera.

En horticultura tradicional con parcelas de pequeñas dimensiones, el riego suele ser por gravedad y ello condiciona el modo de aplicar el fertilizante de cobertera. Se suelen aplicar de 1 a 3 abonados que se localizan en el fondo del surco (Figura 3.2) y seguidamente se da un riego que sirve para incorporar el fertilizante al suelo, aunque parte del mismo es arrastrado hacia el final de la parcela siendo la eficiencia de la fertilización muy baja.

Un ejemplo reciente (real) de este tipo de fertilización de cobertera es el que se expone a continuación: sobre un cultivo de patata temprana plantada el 30 de diciembre en un campo de 2 hg en la huerta de Vera de Valencia, se realiza, el 2 de marzo, una aplicación fertilizante con el complejo (20-5-10). Se usan 3 sacos y medio de 25 kg del citado complejo.

Figura 3.2. Aplicación de fertilizante en cobertera en cultivo de la cebolla en la huerta de Vera (Valencia)

El hecho de aplicar 1 o varias coberteras depende en gran medida de la longitud del ciclo de cultivo, cuando es largo se aplicarán más coberteras. La última cobertera no debiera aplicarse muy tarde en el ciclo, pues puede hacer que algunos cultivos hortícolas acumulen demasiados nitratos en las hojas (acelga, espinaca y lechuga) y otras veces si se fertiliza tarde puede ocurrir que el cultivo no acabe de madurar completamente pues el crecimiento vegetativo de la planta es demasiado exuberante y ésta sigue fotosintetizando de manera intensa y mandando aún fotoasimilados a las partes aprovechables de la planta que no acaban de madurar completamente, sobre todo es el caso de frutos, tubérculos y bulbos.

En la Tabla 3.8 se muestra un programa de fertilización de cobertera de los principales cultivos hortícolas en horticultura intensiva al aire libre con riego por gravedad.

Tabla 3.8. Abonado de tipo medio, en términos generales, para diferentes cultivos hortícolas. Fuente: Maroto, 2002

Cultivo	Momento	Fertilización en kg/ha		
		N	P_2O_5	K_2O
Cebolla	Fondo	50-100	70-150	120-200
	Cobertera	50 (en 1 cobertera y NO_3^-)	-	-
Lechuga	Fondo	15-30	30-50	100-150
	Cobertera	45-90 (en 3 coberteras)	-	-
Melón	Fondo	50-100	60-130	40-70
	Cobertera	50-60 (en 1 cobertera)	-	60-80 (en 1 cobertera)
Patata	Fondo	80 (forma NH_4^+)	70-100	200-300
	Cobertera	40-60 (1 cobertera y NO_3^-)	-	-
Tomate	Fondo	50	80-100	200-250
	Cobertera	100-150 (en 3 coberteras)	-	-
Zanahoria	Fondo	16-24	110	150-250
	Cobertera	64-96 (en 2 coberteras)	-	-

Por otro lado, en horticultura extensiva y la realizada de forma intensiva en invernaderos, es normal el uso de riego a presión, siendo muy frecuente el riego localizado. Es por tanto una oportunidad muy buena de fraccionar más la fertilización de manera que vaya suministrándose a la planta a medida que se le suministra el agua, es decir de manera frecuente, esta técnica es conocida con el nombre de fertirrigación.

A la hora de programar la fertirrigación del cultivo, hay que fijarse en primer lugar en el análisis del agua de riego pues puede llevar en disolución distintos nutrientes como el calcio, magnesio o nitratos. Por ejemplo, según Rincón (2005), todas las aguas que lleven como mínimo 1,5 meq/L de Ca y 1 meq/L de Mg aportan suficiente calcio y magnesio para compensar la absorción de estos elementos en la lechuga Iceberg. Además, hay que tener en cuenta tanto el aporte de nutrientes por la mineralización de la materia orgánica y la pérdida de los mismos por quedar fuera del alcance de las raíces (5-10 % en nitrógeno y 5 % en potasio) o por retrogradación a formas insolubles (20-30 % en fósforo para suelos con altos contenidos en carbonatos totales).

Algunas recomendaciones importantes a la hora de programar la fertirrigación en un cultivo hortícola son:

a) En la fertilización nitrogenada, la proporción de formulaciones nítricas respecto a las amoniacales deben ser del 70-75 % vs. 25-30 % respectivamente.

b) Usar en el caso de suelo con pH demasiado elevado, algún fertilizante en forma de sulfato.

c) En suelos con altos contenidos en carbonatos totales, hay que realizar además algún aporte de micronutrientes sobre todo de Fe y Mn.

d) Hay que tener en cuenta el nitrógeno aportado por el ácido nítrico cuando se inyecta éste para bajar el pH de la disolución de riego.

Se presenta en la tabla 3.9 el caso de las cantidades de fertilizantes necesarias para la fertirrigación de la lechuga Iceberg en ciclos de otoño-invierno y con diferentes tipos de fertilizantes en una explotación de horticultura extensiva en Murcia.

Puede observarse en la Tabla 3.9 como el fraccionamiento del abonado es muy elevado, aplicándose hasta un total de 17 coberteras de elementos fertilizantes que incluyen no sólo a los macronutrientes sino a otros micronutrientes como el azufre, calcio y magnesio.

Tabla 3.9. Programación de la fertilización en un cultivo de lechuga Iceberg en Murcia. Fuente Rincón, 2005

Cantidad (kg/ha) de fertilizante a aplicar a la semana					
Días tras el trasplante	Nitrato amónico	Nitrato cálcico	Fosfato monopotásico	Nitrato potásico	Sulfato magnésico
0-7	7	19	19		
8-14	2	4	2	0,3	0,5
15-21	1	6	5	0,2	0,8
22-28	1	8	8	0,1	1,1
29-35	1	10	9	0,2	1,4
36-42	2	10	11	0,3	1,4
43-50	2	12	16	0,3	1,6
51-56	2	12	20	0,3	1,6
57-62	2	9	13	23	3
63-70	5	12	15	26	3
71-77	9	15	17	29	3
78-84	10	15	19	32	3
85-91	10	15	21	42	6
92-98	12	18	23	49	6
98-105	12	18	23	54	6
106-112	12	18	23	54	6
113-119	8	12	10	41	6
TOTAL	**98**	**129**	**244**	**439**	**44**

3.5. Aporcado

Se trata de aportar algo de suelo desde la zona del surco hacia las paredes del caballón (Figura 3.3). Con esta labor se conseguirá que las raíces del cultivo tengan más espacio para expandirse, facilitando la emisión de raíces adventicias. Esta labor es sobre todo importante en cultivos en los que se aprovecha la raíz (chirivía, nabo, rábano, zanahoria, etc.), pero hay que tener cuidado de realizarla con suficiente antelación para que el apero aporcador no dañe a las raíces ya en formación. La labor de aporcado tiene también la utilidad de eliminar malas hierbas que crecen en el surco o paredes del caballón.

En el cultivo de la patata, es también importante pues evita que al final del cultivo la radiación solar incida sobre tubérculos que asomen del suelo con lo que no se formará el compuesto tóxico llamado solanina.

En pimiento para pimentón al aire libre es útil pues de esta manera las plantas tienen un mayor soporte para evitar el vuelco cuando estas se encuentran cargadas de frutos (Zapata et al., 1992).

Figura 3.3. Labor de aporcado en un cultivo de zanahoria en la huerta de Vera (Valencia)

3.6. Entutorado y guiado

Tanto al aire libre como en invernadero hay cultivos hortícolas que se entutoran. Quizás al aire libre es menos común, se hace en el cultivo de la judía de enrame para verdeo, también puede hacerse en pimiento, berenjena y tomate. En los 2 primeros por cuestiones de sustento de la mata ante la elevada producción y en el tomate sobre todo para que las variedades de crecimiento indeterminado puedan desarrollarse bien en altura. Los materiales de entutorado al aire libre son rígidos (cañas) pues no se dispone de techumbre para sustentarlos.

En invernadero, el entutorado es prácticamente obligado y además fácil pues se dispone bajo la techumbre de una malla de alambres que actúan de sustento. Los hilos usados para el entutorado pueden quedar fijos en los alambres (Figura 3.4) o bien pueden ser móviles de tal forma que la planta se va descolgando a medida que se van recolectando los frutos de abajo hacia arriba.

Figura 3.4. Entutorado con hilo fijo en cultivo de tomate en invernadero en El Perelló (Valencia)

Con el entutorado se consigue una mayor producción pues se aprovecha mejor el espacio y la planta está mejor ventilada, muy conveniente para evitar problemas de plagas y enfermedades.

Además del entutorado, muchas veces hay que guiar las plantas en un primer momento, luego algunas de ellas debido a su tipo de crecimiento y la presencia de zarcillos se convierten en plantas autónomas que tienen la capacidad de trepar adecuadamente por los tutores. Sin embargo, hay otras que hay que estar continuamente enganchándolas al tutor con diferentes tipos de pinzas. Otro caso es el de las cucurbitáceas al aire libre, sobre todo la calabaza, melón y sandía que, al ser plantas rastreras con gran recorrido de sus tallos por el suelo, hay que guiarlas en una dirección para que no se formen marañas de plantas. También se realiza el guiado de las plantas cuando las sandías y melones se cultivan en tunelillos y al cabo de 5 a 7 semanas del trasplante, al no caber en el tunelillo, deben guiarse fuera del mismo en la dirección adecuada pues presentan crecimiento rastrero y deben crecer ordenadas.

3.7. Poda

En los cultivos hortícolas se realizan diferentes tipos de poda, sobre todo en los implantados en invernadero.

a) Poda de formación: La especie cultivada se ramifica a medida que va desarrollándose, formando una gran maraña de tallos, hojas, etc., que interfieren unas con otras, sombreándose, no permitiendo una correcta ventilación y al final con una gran proliferación de plagas y enfermedades. Por tanto, conviene ya desde un primer momento que la planta se desarrolle en un solo brazo (tallo) o a lo sumo con 3 brazos bien entutorados. En tomate para fresco en invernadero se suele dejar un solo brazo y si la planta va injertada se dejan 2 brazos pues el portainjertos le da vigor. El pimiento en invernadero suele podarse a 3 brazos, el central entutorado a un alambre aéreo horizontal a la techumbre y los dos brazos extremos entutorados en otro alambre paralelo al primero. La siguiente planta de pimiento tendrá el brazo central entutorado al segundo alambre y los dos extremos al primero.

b) Fomentar un tipo de flores: Las especies hortícolas de la familia de las cucurbitáceas tienen flores de diferentes tipos (unisexuales, bien sean femeninas o masculinas y flores hermafroditas). En el melón, la mayor proporción de flores hermafroditas o femeninas (caso de los melones cantalupos) aparece en los brotes secundarios o terciarios por lo que es conveniente eliminar el meristemo principal, para favorecer la brotación de brotes secundarios y terciarios. En la sandía ocurre lo contrario, la mayor proporción de flores femeninas está en la brotación primaria, por lo que pueden eliminarse las secundarias.

c) Eliminación de brotes de las primeras bifurcaciones en pimiento: Se elimina la hoja y fruto que salen en la 1ª a 2ª bifurcación. Con ello se consigue que el agua y nutrientes absorbidos por la raíz y transportados hacia arriba se repartan mejor entre todos los frutos y no se acumulen en los más próximos al suelo.

d) Poda de rejuvenecimiento: Tiene por objeto hacer brotar de nuevo la planta cuando esta se encuentra ya en decadencia por las últimas recolecciones (Reche, 1998). Esta operación lleva consigo una supresión importante de la masa vegetal que desequilibra la parte aérea frente a la radical y la planta responde con una gran brotación.

e) Poda de frutos: Se da mucho en el cultivo del tomate, sobre todo en casos en los que los frutos se forman en ramilletes, pues muchas veces y debido a que tienen la floración escalonada, los primeros frutos ya están maduros mientras que los del final del ramillete siguen aun verdes o incluso en flor. Se eliminan los frutos extremos del ramillete.

f) Poda de hojas: Se eliminan las hojas desde la base del tallo hacia arriba a medida que se van recolectando los primeros frutos que también van madurando de abajo a arriba. De esta manera, los nutrientes se reparten mejor hacia nuevos órganos en formación (hojas, flores y frutos) y no son consumidos por hojas viejas. Además, esta poda sirve para mejorar la aireación del cultivo con vistas a mejorar la sanidad del mismo.

3.8. Control de la polinización y cuajado

En los cultivos hortícolas aprovechados por sus frutos y/o semillas (cucurbitáceas, fabáceas, berenjena, fresa, pimiento y tomate) es fundamental la correcta polinización de la parte femenina de las flores. En las demás especies hortícolas, al no aprovecharse el fruto ni la semilla, no es necesaria la polinización, de hecho, la floración de la planta es un accidente grave a evitar.

Los cultivos aprovechados por sus frutos tienen polinización entomófila, jugando por tanto los insectos un papel muy importante. Normalmente, si estos cultivos se establecen al aire libre no existe problema alguno pues coincide la floración de éstos con el vuelo, por ejemplo, de las abejas (*Apis melifera*). Por el contrario, cuando se establecen en invernadero, fuera de su época normal de cultivo (otoño-invierno), no hay vuelo de abejas y si lo hubiera las paredes y cubiertas del invernadero serían una barrera física demasiado importante para que éstas penetren en el invernadero. Es por tanto necesario mejorar la polinización de estos cultivos pues no hay que olvidar que se producen en España más de 30 000 ha de ellos en invernadero.

Por otro lado, el paso del ovario de la flor recién fecundado a fruto incipiente es un proceso delicado que se denomina cuajado. Existen las siguientes técnicas para mejorar la polinización y el cuajado en cultivos bajo invernadero:

a) Instalación de colmenas dentro de invernaderos: En el inicio de la apertura de las primeras flores de los cultivos, se instalan unas cajas de cartón que albergan una población de abejorros (*Bombus terrestris*) a razón de 0,5 a 3 colmenas/ha. Los abejorros se encuentran en una climatología artificial pero similar a la que encontrarían al exterior, al menos en cuanto a temperatura. Funcionan mejor que las abejas en ambientes con poca luz y algo de frío (invernaderos en otoño-invierno), los abejorros visitan más flores que las abejas, están más activos. En cultivos al aire libre también pueden a veces instalarse colmenas, pero en este caso son de abejas.

b) Atracción de insectos polinizadores: A veces, cuando se emplean tunelillos bajos para adelantar las siembras de mayo a mitad de marzo, además de las plantas a cultivar (berenjena, melón, sandía, pimiento, etc.) se instalan plantas con floración permanente de manera que atraen a insectos polinizadores que a su vez encuentran las primeras flores de las plantas cultivadas que son polinizadas. Por ejemplo, puede usarse la especie *Lobularia maritima* a razón de 1200 plantas/ha en tunelillos de pimiento, 1 planta cada 12 pimientos. Al abrir posteriormente el tunelillo, se elimina la *L. maritima*, para que no compita con el cultivo por el agua y los nutrientes, menos en melón, calabacín y sandía que al tener flores unisexuales necesitan de polinizadores durante más tiempo.

c) Uso de vibradores: Se utilizan sobre todo en el cultivo del tomate cuando por condiciones climáticas desfavorables, no ocurre una dehiscencia (apertura) natural de las anteras de los estambres. Entonces, los ramilletes florales se golpean con vibradores para facilitar que el polen salga de las anteras. Es una labor muy laboriosa.

d) Uso de productos químicos: Se usan para mejorar el cuajado de las flores en situaciones climáticas poco favorables, haciéndose aplicaciones de auxinas de síntesis sobre las inflorescencias. Está autorizada la mezcla ANA (ácido alfa naftil acético) + ANA AMIDA en los cultivos hortícolas aprovechados por sus frutos y/o semillas para inducir el cuajado de flores. Muchas veces no se aconseja la aplicación de auxinas pues pueden producir frutos ahuecados.

Hay que comentar, que algunas variedades de pepinos, sobre todo de pepino holandés, al ser ginoicas (solo tienen flores femeninas) no precisan de la polinización para fructificar, son variedades partenocárpicas y la misma planta regula el proceso de fecundación y fructificación mediante la emisión de auxinas endógenas.

3.9. Uso de fitorreguladores

No se suelen aplicar ya mucho en horticultura, pero se exponen a continuación las posibilidades de aplicación más importantes de estos productos en horticultura:

a) Aplicaciones de giberelinas: Se utilizan para incrementar el crecimiento de las plantas al inducir un mayor alargamiento de los entrenudos. Se aplican en apio y espinaca para forzar su crecimiento vegetativo en épocas con restricciones climáticas. En alcachofa se utiliza para adelantar 3 a 4 semanas en otoño la producción de cabezuelas. En fresón se aplica en viveros para inducir una mayor formación de estolones y también para adelantar la producción al alargarse el tálamo floral. También se utiliza para romper la latencia de algunos órganos de propagación como son los tubérculos de la patata y semillas de algunos cultivos. Esta hormona, puede alterar el porcentaje de flores masculinas/femeninas en especies monoicas como las cucurbitáceas, de hecho, el ácido giberélico es masculinizante. Por último, las giberelinas pueden retrasar la senescencia en postrecolección de algunas hortícolas como el apio o el bróculi.

b) Aplicaciones de auxinas: Se utilizan en berenjena, pimiento y tomate bajo invernadero para mejorar el cuajado y desarrollo de los frutos en circunstancias desfavorables (sobre todo de bajas temperaturas). A veces, también se aplican las auxinas para mejorar el desarrollo partenocárpico de los frutos de algunas cucurbitáceas. En plantas monoicas, las auxinas tienen un cierto papel feminizante.

c) Retardadores del crecimiento: Se emplean para posponer el trasplante en semilleros y además inducir una mayor resistencia al frío. Inducir una mejor (precoz y cuantiosa) tuberización en patata o boniato, etc.

d) Hidracida maleica: Se usan en patata y cebolla antes de la recolección para evitar la brotación de los tubérculos y bulbos respectivamente en almacén.

3.10. Blanqueados

Se realizan distintos tipos de blanqueados. En el cultivo de la escarola y en algún tipo de lechuga (por ejemplo, romana), unas 2 semanas antes de la recolección las matas se atan con cordel para que la radiación solar no llegue a las hojas más jóvenes y centrales. El objetivo es obtener hojas más tiernas y menos amargas, reduciendo el amargor característico de la escarola. En este último cultivo también puede optarse por poner una especie de caperuza de plástico encima de la planta unas 2 semanas antes de la recolección que la protege totalmente del sol (Figura 3.5).

Otro cultivo que se blanquea es el cardo. Llegado un momento del ciclo de esta planta, las hojas se atan y se cubre la parte del peciolo con algún material opaco a la luz con el fin de recolectar las «pencas» que de esta manera son más tiernas y blancas.

El cultivo del espárrago tiene dos versiones, la normal o espárrago verde y el espárrago blanco. Para conseguir el espárrago blanco se forma un caballón sobre la línea de garras enterradas y éste se cubre con un plástico negro. Llegada la época de brotación de los tallos a partir de la garra (marzo-abril), estos salen a la superficie del suelo de color blanco, pues nunca han recibido luz gracias al plástico.

La endivia es otro cultivo que se produce en ausencia de luz, pues se origina al rebrotar de una raíz de achicoria cuando estas raíces se disponen en grandes naves en ausencia de luz, alta humedad y temperatura alrededor de los 20 ºC.

Figura 3.5. Blanqueado de escarola con caperuzas opacas en L´Horta Nord (Valencia)

3.11. Encalado de invernaderos

Es otro tipo de blanqueado, pero en este caso no del cultivo sino del invernadero donde se instala el cultivo. En los invernaderos del sureste peninsular, el trasplante del cultivo se realiza a finales del mes de julio con temperaturas muy elevadas que, unido a la poca ventilación existente para evitar la entrada de insectos vectores de virus, hacen que el ambiente sea demasiado bochornoso, incluso para el tipo de especies cultivadas (cucurbitáceas, solanáceas y judía). A finales del mes de julio se encala el techo plástico del invernadero con carbonato cálcico micronizado (blanco de España) mediante pulverización a una dosis de 1 kg de blanco de España por 4 a 6 L de agua. Con ello se consiguen reducciones de temperatura de hasta 5 ºC en hoja dentro del invernadero. El inconveniente del encalado es que reduce la trasmisión de la luz y por tanto la tasa fotosintética de las plantas cultivadas. Debido a este inconveniente, aproximadamente a finales del mes de septiembre, se lava el techo del invernadero con agua y cepillos acoplados, a veces, a un motocultor.

Ejemplo: Cultivo de pimiento en invernadero en Almería. Trasplante el 21 de julio para recolectar desde 47 días después del trasplante (mitad septiembre) hasta el 23 de febrero, 218 días después del trasplante. Se encaló el invernadero el mismo día 21 de julio con 25 kg de $CaCO_3$ por 150 L de agua y se lavó el 17 de septiembre.

3.12. Otras labores realizadas

En la horticultura semiforzada es importante la elección del tipo de plástico para realizar el acolchado del terreno o cubrir tunelillos. Existen un gran número de tipos de plásticos (polietileno, EVA, MYLAR, agrotextiles, etc.) y grosores (la unidad de medida del grosor de un plástico en agricultura es la galga, 100 galgas equivalen a 25 µm). Los objetivos que se persiguen con los plásticos en este caso son:

a) Calentar los primeros cm del suelo con plástico trasparente, y en menor medida con plástico negro.

b) Evitar la emergencia de malas hierbas con plásticos opacos.

c) Evitar la pérdida de humedad del suelo.

d) Reflejar hacia la planta parte de la radiación que incide sobre el plástico, usando en este caso plásticos blancos.

e) Evitar que el frío afecte al cultivo con plásticos trasparentes y mantas térmicas.

f) Evitar la entrada de insectos dentro de los invernaderos al usar plásticos de diferentes colores (fotoselectivos) que incluso seleccionan la longitud de onda de la radiación de entrada para que sea la más adecuada para el proceso de la fotosíntesis.

En la horticultura forzada de invernaderos, se pueden instalar diferentes sistemas de calefacción, humidificación, iluminación, sombreo, ventilación, etc. para mejorar el rendimiento y calidad de los productos obtenidos, aunque claro hay que revisar la rentabilidad de estos. Además, en este tipo de horticultura entra en juego el cultivo sin suelo, sobre diferentes tipos de sustratos (turbas, fibra de coco, lana de roca, etc.), incluso el cultivo hidropónico mediante el uso de soluciones nutritivas.

3.13. Cuestiones

Conteste a las siguientes cuestiones razonando la respuesta:

1. ¿En qué tipo de horticultura se realizan aún las labores de reposición de marras y aclareo?

2. ¿Hay que considerar la Fase-IV de la Kc en horticultura?

3. ¿Cuál es la diferencia de tiempo en la Fase-I de la Kc dependiendo de si se realiza siembra directa o trasplante de cultivo hortícola?

4. ¿Por qué en Navarra que hace más frío que en Valencia el cultivo de la patata tiene mayores necesidades de agua?

5. Calcule las necesidades de riego del cultivo del tomate al aire libre en la zona costera de la provincia de Valencia cuando se riega por inundación.

6. ¿Qué valores de CE (dS/m) y NO_3^- (mg/L) en agua de pozo serian ideales para el cultivo de la espinaca?

7. Averigüe la salinidad del agua de riego de pozos cercanos a la población de procedencia de cada alumno.

8. Indique si el siguiente caso real de fertilización se ajusta a la Tabla 3.8 del tema. Cultivo: patata temprana; lugar: huerta de Vera de Valencia; superficie campo: 2 hg (12 hg = 1 ha); siembra: 30 de diciembre; cobertera: 2 de marzo con el complejo (20-5-10); N: 50 % nítrico y 50 % amónico; cantidad: 3 sacos y medio de 25 kg cada uno

9. Indique si el siguiente caso real de fertilización se ajusta a la Tabla 3.8 del tema. Cultivo: patata temprana; Lugar: huerta de Vera de Valencia; Superficie campo: 6 hg (12 hg = 1 ha); Siembra: 15 de enero; Cobertera: 7 de marzo con el fertilizante (nitrato amónico cálcico; N: 50 % nítrico y 50 % amónico; Cantidad: 7 sacos y medio de 25 kg cada uno

10. Indique si el siguiente caso real de fertilización tiene lógica. Cultivo: chufa; Lugar: huerta de Vera de Valencia; superficie campo: 6 hg y media (12 hg = 1 ha); siembra: 4 de mayo; abonado de fondo: 3 de mayo con el complejo triple 15; cantidad: 14 sacos de 25 kg cada uno.

11. ¿Qué cultivos hortícolas cree usted que necesitan un mayor número de labores agrícolas tras la implantación y antes de la recolección?

4
Sanidad vegetal

4.1. Introducción

En este tema se van a tratar aspectos sobre sanidad vegetal, es decir, sobre aquellos agentes, tanto bióticos (malas hierbas, plagas y enfermedades) como abióticos (climáticos, carencias y excesos de nutrientes, etc.) que afectan a los cultivos. Se incidirá sobre todo en aspectos malherbológicos pues la entomología y patología ya es tratada en la asignatura Protección de Cultivos que se cursa simultáneamente a la asignatura Cultivos Herbáceos.

4.2. Control de malas hierbas

Las malas hierbas compiten con los cultivos por el espacio, la luz, los nutrientes y el agua, de tal manera que, si un cultivo tiene una invasión de malas hierbas el rendimiento de éste baja notablemente, se dificulta la cosecha y posiblemente la calidad de la cosecha también se vea afectada. En la Tabla 4.1 puede verse un *ranking* de las peores malas hierbas a nivel mundial para todos los cultivos en general, donde hay algunas malas hierbas clásicas de la horticultura española como son las que ocupan los puestos 1, 9 y 10.

Tabla 4.1. Las 15 especies de malas hierbas más importantes a nivel mundial.
Fuente: García y Fernández-Quintanilla, 1991

Importancia	Especie	Familia botánica	Ciclo de vida
1	*Cyperus rotundus*	Ciperáceas	Perenne
2	*Cynodon dactylon*	Poáceas	Perenne
3	*Echinochloa crus-galli*	Poáceas	Anual
4	*Echinochloa colona*	Poáceas	Anual
5	*Eleusine indica*	Poáceas	Anual
6	*Shorgum halepense*	Poáceas	Perenne
7	*Imperata cylindrica*	Poáceas	Perenne
8	*Eichornia crassipes*	Potediriáceas	Perenne
9	*Portulaca oleracea*	Potediriáceas	Anual
10	*Chenopodium album*	Chenopodiáceas	Anual
11	*Digitaria sanguinalis*	Poáceas	Anual
12	*Convolvulus arvensis*	Convolvuláceas	Perenne
13	*Avena fatua y A. sterilis*	Poáceas	Anual
14	*Amaranthus hybridus*	Amarantáceas	Anual
15	*Amaranthus spinosus*	Amarantáceas	Anual

Los cultivos hortícolas, a diferencia de los leñosos, tienen el ciclo anual (salvo la alcachofa y el espárrago), que ni siquiera significa que dure un año, normalmente dura de 3 a 5 meses. Por esta razón, el control de las malas hierbas es más fácil que en los leñosos, pues si se hacen las cosas bien desde el inicio, al ser el ciclo corto, el cultivo parte con ventaja frente a la mala hierba. Muchas veces a la mala hierba no le da tiempo a competir eficazmente en un cultivo hortícola de ciclo corto si previamente se ha implementado un método de control.

Así pues, entre las ventajas que presenta el control de las malas hierbas en cultivos hortícolas frente al control en los cultivos leñosos e incluso a los CHE están:

a) Muchas veces se instala en el campo una planta ya desarrollada (varias hojas y sistema radical) en vez de una semilla, por lo que el cultivo ya desde el inicio va a competir mejor frente a las posibles malas hierbas que emerjan a continuación, pues de partida, el suelo suele estar «libre de malas hierbas» ya que se ha labrado.

b) El ciclo de cultivo es corto, de media unos 3 a 5 meses, pero puede incluso ser de menos de 3 meses de duración (nabo, rábano, verduras orientales, hortícolas para IV gama, algunos cultivares de lechuga en épocas cálidas, etc.). Al ser el ciclo corto, si se actúa frente a las malas hierbas de inicio, ya no les da tiempo a volver a emerger y competir de manera efectiva con el cultivo.

c) Algunos cultivos hortícolas cubren la totalidad del terreno en las últimas fases del cultivo, compitiendo muy bien frente a las malas hierbas en emergencia. Son ejemplos: melón, sandía, calabaza, chufa, coliflor, bróculi, etc.

Sin embargo, hay algunos factores que hacen que la competencia de la mala hierba frente al cultivo hortícola sea más intensa que en otro tipo de cultivo (CHE y leñoso) y por tanto el control de éstas más difícil:

a) Son casi siempre cultivos de regadío por lo que las malas hierbas encuentran un hábitat perfecto para su desarrollo, sobre todo las malas hierbas adaptadas también al calor del verano cuando compiten con cultivos de verano.

b) En muchas ocasiones los cultivos hortícolas se fertilizan demasiado, quedando los excesos del fertilizante a disposición de las malas hierbas.

c) Algunos cultivos hortícolas no cubren el terreno, ni siquiera al final del cultivo por lo que las malas hierbas compiten por la luz y el terreno mejor que si el cultivo cubriese el terreno. Ejemplo: ajo, cebolla, puerro, etc.

d) Cuando se usan herbicidas para el control de las malas hierbas, éstos deben presentar una selectividad muy elevada, pues es difícil aplicar un herbicida a la mala hierba sin mojar al cultivo, cosa que en cultivos leñosos sí que es posible.

e) Los herbicidas aplicados al suelo para evitar la emergencia de las malas hierbas pueden quedar en el suelo y afectar al siguiente cultivo en la rotación.

4.2.1. Clasificación de las malas hierbas

Existe, obviamente, una gran variedad de malas hierbas que afectan a los cultivos y pueden clasificarse según diferentes criterios:

a) Por su taxonomía: Pueden dividirse en malas hierbas pteridofitas (criptógamas, plantas sin flores) destacando tan solo una especie como mala hierba en este grupo, el *Equisetum arvense* (cola de caballo) y en malas hierbas antofitas (fanerógamas, plantas con flor) que son la inmensa mayoría de especies de malas hierbas. En este último caso, las malas hierbas se subdividen en 2 categorías:

- Monocotiledóneas: Sus plántulas poseen un único cotiledón. Las hojas son largas, estrechas y con la nerviación paralela, de hecho, son llamadas también malas hierbas de hoja estrecha. Hay 2 familias de malas hierbas importantes, las poáceas y las ciperáceas. En cultivos hortícolas en España, algunas malas hierbas importantes de la familia de las poáceas son *Echinochloa colona*, Eleusine indica, *Poa annua* y *Setaria* sp. En el caso de las ciperáceas existen 2 especies, *Cyperus rotundus* (juncia) y *Cyperus esculentus* (chufa) que pueden causar problemas en horticultura.

- Dicotiledóneas: Sus plántulas poseen 2 cotiledones. Las hojas son anchas y con nerviación ramificada, son también llamadas malas hierbas de hoja ancha. Son muchas las familias botánicas con especies dicotiledóneas que actúan como malas hierbas en cultivos hortícolas en España, por ejemplo: amarantáceas (*Amaranthus retroflexus*), asteráceas (*Sonchus oleraceus*), brasicáceas (*Sisymbrium officinale*), portulacáceas (*Portulaca oleracea*, verdolaga), solanáceas (*Solanum nigrum*, tomatito), urticáceas (*Urtica urens*, ortiga), etc.

b) Por su ciclo de vida: Se clasifican en los siguientes grupos.

- Anuales: Son plantas que completan todo su ciclo en menos de un año, como *Poa annua* (anual de otoño-invierno) o *Portulaca oleracea* (anual de primavera–verano).

- Bienales: Son malas hierbas que para completar su ciclo necesitan normalmente entre 1 y 2 años. Durante el primer año se desarrollan vegetativamente y el segundo año florecen fructifican y producen semillas. Es un ejemplo el cardo (*Cirsium arvense*).

- Perennes: Son malas hierbas que viven más de 2 años y son plantas que o bien están visibles durante todo el año o bien emergen en una determinada época del año a través de órganos subterráneos (llamadas entonces vivaces) como tubérculos (*Cyperus rotundus* en primavera-verano) o bulbos (*Oxalis* sp. en otoño-invierno) aunque ésta última es más propia de cultivos leñosos en regadío que de hortícolas.

c) Otros criterios de clasificación de las malas hierbas son: por su hábitat, por su tipo biológico, etc.

4.2.2. Métodos de control de las malas hierbas

Para el control de las malas hierbas existen diferentes métodos, que no son excluyentes y pueden y deben combinarse. Se exponen a continuación los diferentes métodos de control de las malas hierbas:

a) Rotación de cultivos: Las malas hierbas se adaptan al manejo del cultivo (época de siembra, especie a sembrar, tipo y dosis de riego y fertilización, etc.) por lo que, si se está siempre repitiendo el mismo cultivo y en la misma época, las malas hierbas también se «repetirán» y cada vez con mayor intensidad.

b) Cultivo sin suelo: En horticultura forzada, muchas veces se cultivan las plantas en sustratos libres de malas hierbas o con bajas poblaciones de ellas (cultivo hidropónico, turbas, fibra de coco, enarenados, etc.).

c) Solarización: En los meses de verano se instala un plástico trasparente sobre un suelo en sazón y se mantiene unas 6 a 12 semanas. En los primeros 10 cm del suelo, bajo el plástico, la temperatura puede subir hasta unos 70 ºC, destruyendo semillas en germinación.

d) Desinfección química: Muchas veces los agricultores desinfectan el terreno con productos como el metam-Na o metam-K con el objetivo de eliminar, sobre todo propágulos de plagas y enfermedades, y eliminando a su vez gran parte del banco de semillas de malas hierbas existente en el suelo. Estos 2 productos han sido recientemente (octubre, 2022) reintroducidos en España para su uso en invernadero mediante el riego por goteo para ciertos cultivos.

e) Falsa siembra: Un buen riego previo a la implantación del cultivo puede hacer que las semillas de las malas hierbas en el suelo emerjan y luego se pueden eliminar, por ejemplo, mediante un pase de fresadora o un tratamiento con un herbicida total (no selectivo).

f) Uso de acolchados: Se puede acolchar el caballón donde se siembra el cultivo para entre otros objetivos impedir la nascencia de malas hierbas. La forma de acolchar puede ser mediante un plástico opaco, o papel o algún *mulch* de paja o restos de cultivo. Si se utiliza un *mulch* de paja hay que asegurarse que no se esté incorporando semillas de malas hierbas en él.

g) Escarda manual: Normalmente la eliminación manual de las malas hierbas suele ser un apoyo de otro método empleado. No debe basarse el control de las malas hierbas únicamente en este método pues el costo sería muy alto.

h) Escarda mecánica: Se realiza con fresadora antes de la implantación del cultivo, o durante el cultivo con otro tipo de arado, pero sólo en la calle o en el surco entre caballones. El problema radica en el control de las malas hierbas en el caballón pues puede dañar al cultivo y/o al sistema de riego si éste es por goteo o simplemente destrozar el caballón.

i) Lucha biotecnológica: Aunque no existe en la horticultura española, sí que hay que hablar de aquellos cultivos en los que los genetistas han conseguido obtener variedades (transgénicas o no) resistentes a herbicidas. Es el caso de los cultivos *Roundup-ready* (maíz, soja, algodón, etc.) que por transgénesis son resistentes al herbicida glifosato, o los cultivos *Clearfield* (arroz, colza, girasol, etc.) donde los genetistas han obtenido por mejora genética clásica variedades resistentes al herbicida imazamox.

j) Escarda química: Es decir, el uso de herbicidas, que son compuestos químicos que inhiben total o parcialmente el crecimiento de las plantas. Los herbicidas presentan un nombre comercial (Roundup, Centurion, Stomp, etc.) y un nombre de la materia activa herbicida (glifosato, cletodim, pendimetalina, etc., respectivamente). La materia activa va en el recipiente (normalmente líquido) en una proporción, el resto son materiales inertes que ayudan a la aplicación de los herbicidas o a la estabilidad de estos en la mezcla.

Existen aproximadamente a fecha de esta revisión (14 de noviembre de 2024), unos 30 herbicidas autorizados en España para su uso en cultivos hortícolas que se exponen a continuación, clasificándolos según diferentes criterios, que no son excluyentes:

- Por su selectividad: Hay herbicidas que eliminan cualquier especie a la que mojan (mala hierba y cultivo), son los llamados herbicidas totales, son pocos, pero muy importantes, como el herbicida glifosato o el ácido pelargónico. En horticultura, aun estando autorizados, son difíciles de aplicar pues hay que tener cuidado de no mojar el cultivo. Se utilizan de forma dirigida a las malas hierbas cuando están en la calle (en el surco, entre los caballones, pero es peligroso) o antes de la implantación del cultivo (lo más normal). Por el contrario, existen los llamados herbicidas selectivos, capaces de eliminar a la mala hierba sin dañar al cultivo. Son la mayoría y los autorizados en horticultura son: 2,4-D, aclonifen, betazona, carfentrazona, cicloxidim, cletodim, clomazona, clopiralida, etofumesato, fenmedifam, fluazifop-p-butil, imazamox, metamitrona, metazacloro, metil-triflosulfuron, metribucina, pendimetalina, piridato, propaquizafop, propizamida, prosulfocarb, piraflufen-etil, quizalofop-p-etil, y rimsulfuron. Ahora bien, no todos presentan selectividad en todos los cultivos y por tanto no todos están autorizados en todos los cultivos, de hecho, hay algunas de las materias activas citadas que sólo están autorizadas en pocos cultivos: ejemplo, el rimsulfuron sólo está autorizado en patata y tomate y el fendemifam solo en remolacha de mesa.

- Por su comportamiento en la planta: Hay herbicidas que tan solo hacen daño a la planta en el lugar donde la tocan, no penetran más allá de las células epidérmicas y por tanto no se mueven ni por el xilema, ni por el floema, son los llamados herbicidas de contacto y son muy escasos. En horticultura en España, están autorizados los siguientes: ácido pelargónico (presenta algo de movimiento, pero muy escaso), aclonifen, carfentrazona, piraflufen-etil y piridato. El ácido pelargónico es un herbicida natural que actúa por vía foliar quemando a las malas hierbas en estado de plántula, no siendo muy efectivo cuando éstas ya han alcanzado cierto estado de desarrollo. Otro herbicida de contacto es el aclonifen, que se aplica directamente al suelo antes de que germinen las malas hierbas o cuando estas acaban de emerger. Forma una película en la superficie del suelo que al ser atravesada por el primer brote de la mala hierba ejerce su acción. Los herbicidas carfentrazona y piraflufen-etil, se usan para secar la parte aérea de la patata antes de la recolección y eliminan malas hierbas dicotiledóneas. Por último, el herbicida piridato, también de contacto contra dicotiledóneas, se absorbe en la parte aérea de las malas hierbas dicotiledóneas, donde ejerce su acción, pero sin penetrar más allá. Por otro lado, están los herbicidas que una vez aplicados a la planta o al suelo se absorben por vía foliar o radical y son transportados vía xilema, floema o por ambas vías hacia el lugar de la planta donde ejercen su acción. Se denominan herbicidas de translocación o sistémicos, son el resto y tienen una acción más lenta, muy dependiente de la temperatura ambiental.

- Por su comportamiento en el suelo: Hay herbicidas que se aplican directamente al suelo para prevenir la emergencia de las malas hierbas, que normalmente lo absorberán por el sistema radicular y lo transportarán por vía xilemática. Estos herbicidas son muy empleados en horticultura pues es de suma importancia que el cultivo en las primeras fases de su ciclo no tenga competencia de las malas hierbas. Son ejemplos los siguientes herbicidas: metribucina, pendimetalina, propizamida, etc. Estos herbicidas tienen dos problemas potenciales, en primer lugar, su persistencia en el suelo. Hay herbicidas de los anteriormente citados que persisten más en el suelo que otros y por tanto ejercen su acción durante más tiempo. Esto es una ventaja, pero se puede convertir en desventaja cuando la persistencia es demasiado elevada y pudiera afectar a la siembra del siguiente cultivo en la rotación. Además, estos herbicidas pueden ir lixiviando por las lluvias y riegos y quedar fuera del alcance de las raíces de las malas hierbas, incluso contaminar la capa freática. El grado de lixiviación de un herbicida dependerá entre otras cosas de su adsorción al suelo. Las materias activas más fuertemente adsorbidas al suelo lixiviarán menos y al revés. Hay otros herbicidas que se aplican normalmente a la parte aérea de las malas hierbas, pero que por escurrimiento o porque las malas hierbas no cubren la totalidad del terreno, llegan al suelo. Estos últimos herbicidas de aplicación foliar suelen adsorberse fuertemente al suelo y aunque puedan ser persistentes, no lixivian y no hacen efecto sobre las malas hierbas pues para hacer efecto tienen que estar en la disolución del suelo y no adsorbidos («pegados») a él.

  Por tanto, en el suelo puede haber herbicidas desde los muy fuertemente adsorbidos al mismo y por tanto ni lixivian, ni tienen efecto sobre las malas hierbas (normalmente son los de aplicación foliar) a los muy débilmente adsorbidos en el suelo con acción herbicida notable pero fácilmente lixiviables, pasando por un término medio que pueden causar problemas de persistencia sobre el siguiente cultivo. Es decir, según la persistencia y la adsorción al suelo podrían clasificarse en más o menos persistentes y en más o menos lixiviables.

- Por el momento de aplicación: En este caso los herbicidas pueden clasificarse dependiendo de si se aplican antes o después de la implantación del cultivo o si se aplican antes o después de la emergencia de las malas hierbas.

  − Con respecto al cultivo, están los herbicidas llamados de presiembra o de pretrasplante que se aplican antes de la siembra o trasplante del cultivo (normalmente son herbicidas residuales aplicados al suelo o a las malas hierbas en estado incipiente) o herbicidas totales, y los herbicidas de postsiembra o postrasplante que deben ser altamente selectivos.

  − Con respecto a la mala hierba, pueden clasificarse en herbicidas de preemergencia, cuando se aplican antes de la emergencia de las malas hierbas (Figura 4.1) y herbicidas de postemergencia cuando se aplican una vez las malas hierbas cubren el terreno.

Figura 4.1. Aplicación delantera del herbicida de preemergencia
pendimetalina e incorporación trasera al suelo mediante labor

- Por su familia química: Se agrupan según su composición química en: auxinas sintéticas, ciclohexanodionas, sulfonilureas, etc. Cada familia química de herbicidas tiene un mecanismo de acción, que puede ser coincidente con el de otra familia.

- Por su mecanismo de acción: Hay diferentes mecanismos de acción de los herbicidas como pueden ser la inhibición de la síntesis de un enzima importante, la inhibición de la síntesis de un pigmento, la inhibición de la mitosis, etc. Es sumamente importante rotar herbicidas de diferentes mecanismos de acción sobre un mismo campo de cultivo para así evitar la aparición de malas hierbas resistentes a los herbicidas. Los aproximadamente 30 herbicidas actualmente autorizados en España para su uso en cultivos hortícolas pertenecen a 12 mecanismos de acción diferentes.

Así pues, en cultivos hortícolas, si se decide por el control químico de las malas hierbas, es conveniente realizarlo o bien en presiembra o pretrasplante del cultivo o inmediatamente tras su implantación y con respecto a la mala hierba conviene aplicar herbicidas de preemergencia o de postemergencia temprana. A veces se combina con una segunda aplicación en postemergencia más tardía de las malas hierbas, pero no suele hacerse por el peligro que la acumulación de residuos supone tanto en el suelo (posible afección al siguiente cultivo en la rotación) como en la parte aprovechable de la planta.

Los herbicidas son pues una herramienta muy útil, pero hay que saber manejarla bien para evitar los siguientes problemas:

a) Toxicidad al aplicador, espectador, consumidor y fauna útil.

b) Daños al medio ambiente por contaminación directa de cursos de agua (acequias, canales, ríos, etc.), por contaminación difusa de la capa freática o accidental por vertidos, recipientes abandonados, etc.

c) Fitotoxicidad en el cultivo por falta de selectividad.

d) Fitotoxicidad en el siguiente cultivo de la rotación por elevada persistencia

e) Aparición de malas hierbas resistentes por uso de un mismo herbicida o herbicidas de la misma familia o herbicidas con mismos mecanismos de acción.

4.3. Control de plagas

Son también innumerables los insectos, ácaros, etc., considerados como plagas en cultivos hortícolas, así como otros considerados como fauna auxiliar que depredan o parasitan las plagas.

No se van a listar, ni describir su biología, puesto que a la vez que esta asignatura, se cursa otra llamada Protección de Cultivos que se ocupa de ello. Tan solo se indicarán pautas generales del control de plagas en cultivos hortícolas y se destacarán algunos grupos importantes.

4.3.1. Grupos de plagas importantes

a) Pulgones: Son insectos «chupadores», que succionan savia de los tejidos vegetales siendo además vectores de virus (el pulgón *Myzus persicae* transmite entre otros, el CMV o virus del mosaico del pepino). La aparición de los pulgones suele ser después de los fríos invernales y no les gusta tampoco el calor intenso del verano. Los pulgones son muy específicos y por ejemplo a las habas le ataca el pulgón negro (*Aphis fabae*) pero a los hortícolas de la familia de las brasicáceas le ataca el pulgón ceniciento (*Brevicoryne brassicae*), etc.

b) Trips: Son insectos que realizan un daño mecánico al picar los tejidos tiernos y son además vectores de virus, sobre todo del virus del bronceado del tomate (TSWV) que puede afectar a cultivos tan dispares como el tomate o la lechuga. La especie de trip más importante es *Frankliniella occidentalis*. Son, junto con la mosca blanca, los insectos más perjudiciales en los invernaderos.

c) Mosca blanca: Este insecto de color blanco y pequeño tamaño, es muy importante en cultivo forzado en invernadero. Realiza los siguientes daños: succiona la savia de las plantas, secreta melaza sobre la que se desarrolla la negrilla que deprecia los frutos y por último es también transmisor de virus. Las 2 especies más importantes son *Bemisia tabaci* y *Trialeurodes vaporarium*. Por ejemplo, *Bemisia tabaci* es vector del virus del rizado amarillo del tomate (TYLCV) llamado también virus de la cuchara. Es de destacar también la mosca blanca de la col (*Aleyrodes proletella*) que ataca a brasicáceas al aire libre.

d) Minadores de hojas: Son insectos del género *Lyriomiza*. En fase de larva realizan galerías entre las dos epidermis de las hojas que finalmente se secan y caen. Los adultos, además, realizan picaduras en las hojas.

e) Orugas comedoras de hojas: Son normalmente lepidópteros que en estado de larva son grandes devoradoras de hojas como la oruga de la col (*Pieris brassicae*) o la plusia (*Autographa gamma*).

f) Orugas barrenadoras: Son insectos que en forma de larva penetran en el tallo o inflorescencia (alcachofa) y se alimentan de su interior. Son ejemplos la rosquilla negra (*Spodoptera littoralis*) y rosquilla verde (*Spodoptera exigua*) que causan daños en septiembre y octubre en alcachofa, u otras orugas como *Heliothis armigera* u *Ostrinia nubialis*, sobre todo en hortícolas cercanas a campos de maíz, principalmente en tomate. Otro ejemplo es el barrenador de la chufa (*Bactra lanceslana*) casi el único enemigo que tiene este cultivo y que se alimenta del interior del tallo.

g) Orugas comedoras del fruto: Algunas de las anteriores también se alimentan del fruto tras penetrar en él, como *Heliothis armigera* u *Ostrinia nubialis*. Otro minador del fruto del tomate importante desde hace pocos años (2007) es *Tuta absoluta* (micro lepidóptero), sus larvas hacen galerías en tomate (sobre todo) e incluso puede hacerlas en el fruto verde.

h) Gusanos del suelo: Como el gusano blanco y el del alambre (coleópteros) y el gusano gris (lepidóptero) que hacen daño en estado de larva al mordisquear la parte basal del tallo que queda por debajo del suelo o el sistema radical superior del cultivo.

i) Ácaros: Son organismos diminutos, una subclase de arácnidos. Se alimentan de células epidérmicas de tejidos del cultivo depreciándolos comercialmente. Se desarrollan en gran medida en ambientes cálidos. Son plaga importante por ejemplo en el cultivo de la judía, tomate o en el fresón.

j) Caracoles y babosas: Son activos sobre todo por la noche y necesitan unas condiciones de temperatura y humedad clásicas del otoño y la primavera. El daño que realizan es el mordisqueo de las hojas, que es especialmente grave cuando la planta es pequeña.

k) Nematodos: Son organismos con aspecto de gusanos que viven en el suelo, de carácter microscópico y pluricelular. Presentan un estilete que clavan en los tejidos de la raíz del cultivo para succionar los nutrientes que necesitan.

4.3.2. Insectos beneficiosos

Existe una gran variedad de insectos beneficiosos, tanto depredadores como parasitoides, para el control de las diferentes plagas que existen en los cultivos hortícolas. Se exponen a continuación algunos casos importantes:

a) Ácaro *Amblyseius swirskii*, que depreda huevos y larvas de mosca blanca (*Trialeurodes vaporarium* y *Bemisia tabaci*) y larvas de trips (*Frankliniella occidentalis*). Este es un ácaro depredador que al encontrar su presa la succiona hasta dejarla seca. Se utiliza con éxito en berenjena, calabacín, pepino y pimiento.

b) Chinche *Nesidiocoris tenuis*, que controla huevos y larvas de *Tuta absoluta* en tomate y también controla las de la mosca blanca (*Trialeurodes vaporarium* y *Bemisia tabaci*). Hay que tener en cuenta que este insecto si no encuentra a otros insectos para depredar, empieza a alimentarse del cultivo por lo que puede convertirse en plaga.

Existen otros muchos casos de depredación de plagas por insectos en la horticultura al aire libre como el caso de las mariquitas que tanto en estado de larva como adulto son depredadoras de pulgones.

4.3.3. Ideas generales sobre el control de plagas

a) Necesidad de rotación de cultivos para combatir plagas pues éstas son muy específicas. La especificidad puede incluso ser a nivel de variedad comercial.

b) Prospección del cultivo desde el inicio, tanto del suelo como de las partes de la planta más escondidas que suelen ser las más jóvenes y tiernas.

c) Control de vuelos de adultos con diferentes tipos de trampas.

d) Detección temprana de focos antes de que se extiendan.

e) Control de las plagas:

- Control biológico mediante el uso de fauna auxiliar (depredación y/o parasitismo) o feromonas de atracción/confusión.

- Control químico mediante insecticidas en el momento apropiado (huevo, estados larvarios, etc.) y con una buena estrategia de umbrales de tratamientos.

f) Respeto de plazos de seguridad a la hora de cosechar productos tratados con insecticidas.

g) Respeto de la fauna auxiliar a la hora de tratar con productos químicos.

h) Rotación de materias activas insecticidas para no inducir resistencias de las plagas a los insecticidas.

i) Uso de variedades de cultivos hortícolas tolerantes o resistentes a ciertas plagas.

4.4. Control de enfermedades

Son muchos también los microorganismos que causan enfermedades criptogámicas, bacterianas o viróticas en los cultivos hortícolas, se exponen a continuación los más relevantes en horticultura.

4.4.1. Enfermedades criptogámicas

a) Que afectan a la parte aérea de la planta.

   Algunas enfermedades importantes que afectan a los cultivos hortícolas son:

   - Mildiu: En el cultivo de la cebolla (*Peronospora destructor*) ataca a las hojas más viejas, las exteriores. Estas pierden el color, doblándose y en definitiva afectando al rendimiento en cosecha pues habrá menos parte aérea verde para fotosintetizar. En tomate y patata lo causa *Phytophtora infestans* y en cucurbitáceas *Pseudoperonospora cubensis*. En cebolla, una vez los esporangios del hongo «aterrizan» en las hojas, la enfermedad se desarrolla si ocurren durante unas 11 horas condiciones de alta humedad (95 %) y temperaturas en el rango 10-22 ºC.

   - Botrytis: Esta enfermedad es muy común en cultivos bajo invernadero y produce en los tejidos afectados una capa de moho gris. En las solanáceas en invernadero es muy frecuente cuando se dan condiciones de días cortos, luminosidad escasa y temperaturas en el rango de los 15-20 ºC.

   - Oídio: Esta enfermedad se manifiesta en las hojas al desarrollarse un polvo blanquecino que recubre toda la hoja, tanto en el haz como en el envés. Para su control es importante no realizar plantaciones demasiado densas ni realizar abonados nitrogenados excesivos. Le favorece la temperatura y humedad alta. Es una enfermedad «externa» al contrario que el mildiu que puede denominarse «interna», por lo que el oídio puede combatirse por ejemplo con espolvoreo o sublimación de azufre en invernadero.

b) Que afectan al sistema radical, cuello y hojas basales de la planta.

   Algunas de las más importantes son:

   - Esclerotinia: Es una enfermedad provocada principalmente por el hongo *Sclerotinia sclerotorium*. Los esclerocios de este hongo pueden permanecer en el suelo de 4 a 5 años y geminan con temperatura suave y humedad alta, infectando la zona del cuello de la planta y hojas basales. Causa podredumbres blandas de color blanquecino y es especialmente dañina en el cultivo de la lechuga.

   - Fusariosis: La causan diferentes especies del género *Fusarium*, normalmente *Fusarium oxysporum*, incluso hay que indicar la importancia que tiene la subespecie de este patógeno pues es muy específica de cada cultivo. Es un hongo vascular que puede producir la obturación de los vasos conductores. Puede ya afectar en los planteles de los semilleros, aunque también puede aparecer más tarde, en planta adulta (sobre todo en cucurbitáceas).

- Rizoctonia: La causan diferentes hongos, aunque el más clásico es *Rhizoctonia solani*. Por ejemplo, en alcachofa, los órganos vegetativos del hongo van extendiéndose sobre las raíces de la planta cuando es joven, parasitándola y si el ataque es grave llegan a destruir el sistema radical. Las condiciones perfectas de infección de este hongo al plantar las zuecas de alcachofa son: altas temperaturas, déficits hídricos, baja relación C/N y exceso de abonado nitrogenado.

- Pitium: Esta enfermedad la causan diferentes hongos, sobre todo del género *Phytium*. Es clásica de semilleros profesionales.

4.4.2. Enfermedades causadas por virus

Son muchas, muy agresivas y normalmente transmitidas por insectos (pulgones, mosca blanca, trips, etc.). En horticultura forzada, la mejora genética va introduciendo en los nuevos cultivares tolerancias o resistencias a los diferentes virus que van apareciendo. Entre los más destacados se encuentran los siguientes:

a) Virus del rizado del tomate Nueva Delhi (ToLCNDV): Apareció en España en el verano de 2013, en el cultivo forzado de cucurbitáceas y solanáceas, afectando sobre todo al calabacín. Es trasmitido por la mosca blanca (*Bemisia tabaci*).

b) Virus del bronceado del tomate (TSWV): Es trasmitido por trips (*Frankliniella occidentalis*) y afecta a la alcachofa, lechuga, pepino, pimiento, tomate, etc.

c) Virus del rizado amarillo del tomate o virus de la cuchara del tomate (TYLCV): Es trasmitido por una mosca blanca (Bemisia tabaci) y afecta al tomate.

d) Virus del mosaico del pepino (CMV): Afecta a las cucurbitáceas y su trasmisión es por medio de pulgones (*A. gossypii* y *M. persicae*).

e) Virus del mosaico de la Sandía-2 (WMV-2): Causa graves daños en melón y lo transmiten los pulgones.

f) Virus del mosaico del calabacín (ZYMV): Inducido por pulgones, afecta al melón.

g) Virus de las venas amarillas del pepino (CVYV): Afecta a todas las cucurbitáceas y lo transmite la mosca blanca (*Bemisia tabaci*).

h) Virus del amarilleamiento del pepino (CuYV): Afecta al melón y se trasmite por mosca blanca (*Trialeurodes vaporariorum* y *Bemisia tabaci*).

i) Virus del cribado del melón (MNSV): Los daños son muy graves sobre todo en el melón Galia y es trasmitido por el hongo del suelo *Olpidium radicale*. También afecta a la sandía.

j) Virus del mosaico del tomate (ToMV): Afecta al tomate y a otras especies de la familia de las solanáceas. La trasmisión es por contacto y por semilla.

k) Virus del mosaico del tabaco (TMV): Fue el primer virus descubierto en afectar a cultivos. Afecta a especies de la familia de las solanáceas.

l) Virus del mosaico de la calabaza (SqMV): Afecta sobre todo al melón y al calabacín. Su trasmisión se realiza por semilla, por contacto entre hojas y por insectos masticadores.

m) Virus de las nerviaciones gruesas de la lechuga (LBVV): Afecta a las lechugas del tipo Iceberg, no estando del todo claro el agente causal que podría ser el hongo *Olpidium brassicae*. Este hongo ataca también a malas hierbas de la familia de las compuestas como *Sonchus arvensis* que pudieran ser, por tanto, vectores de trasmisión de la enfermedad.

n) Virus rugoso del tomate (TBRFV): Apareció en España a finales de 2019 en un invernadero de tomate en Almería y en este caso es por transmisión manual, por operaciones de cultivo por parte de los trabajadores.

4.4.3. Enfermedades bacterianas

Las bacterias también pueden causar daños en los cultivos. Se asocian a condiciones ambientales muy húmedas. Existen diferentes especies de bacterias que los atacan, originando diferentes tipos de daños como podedumbre de raíces en zanahoria (*Candidatus liberibacter solanacearum*, *Erwinia sp.* y *Xanthomonas sp.*), en patatas (*Bacillus sp.*, *Corynobaterium sp.*, *Pseudomonas sp.* y *Ralstonia, sp.*), en judía (*Pseudomonas sp.*), en tomate (*Corynebaterium sp.*), en apio (*Candidatus liberibacter solanacearum*), etc.

4.4.4. Ideas generales sobre el control de enfermedades

a) Necesidad de rotación de cultivos para combatir las enfermedades pues éstas son muy específicas.

b) Prospección del cultivo desde el inicio.

c) Uso de variedades de cultivos hortícolas tolerantes o resistentes a las enfermedades.

d) Uso del injerto.

e) Control de las enfermedades:
   - Control cultural: clima, manejo (riego, fertilización, etc.).
   - Control químico mediante fungicidas en el momento apropiado y con una buena estrategia de umbrales de tratamientos.

f) Respeto de plazos de seguridad a la hora de cosechar productos tratados con fungicidas.

g) Rotación de materias activas para evitar resistencias de los organismos patógenos a los fungicidas.

Por último, hay que indicar que los productos fitosanitarios (herbicidas, insecticidas, fungicidas, etc.) que están autorizados por el Ministerio de Agricultura, Pesca y Alimentación para ser usados en cultivos concretos y bajo una determinada forma de actuación (dosis, época, plazo de seguridad, etc.), se pueden consultar en el siguiente enlace de la página web del Ministerio (https://www.mapa.gob.es/es/agricultura/temas/sanidad-vegetal/productos-fitosanitarios/fitos.asp).

4.5. Fisiopatías

Las fisiopatías son alteraciones en los tejidos de las plantas cultivadas debidas a agentes no bióticos como puedan ser los climáticos y los nutricionales.

4.5.1. Fisiopatías debidas a agentes climáticos

a) Daños por frío.

Los daños por frío pueden ser simplemente por exposición de los cultivos a temperaturas por debajo de 10-12 ºC, que sería el caso de cultivos propios de verano como las cucurbitáceas, la judía (fisiopatía conocida como vainas en ganchillo), la berenjena, el tomate o el pimiento. También puede ser debido a heladas y entonces puede afectar a muchos otros cultivos según la duración e intensidad de esta. En la Figura 4.2 puede verse el daño en la parte aérea de un cultivo de patata temprana en la huerta de Vera de Valencia cuando la temperatura baja tan solo 1 ºC bajo cero durante 3 a 4 horas. El cultivo se recupera, pero a costa de una merma en la producción pues parte de la superficie foliar queda dañada. La acumulación de demasiadas horas por debajo de un cierto umbral puede hacer que algunas especies hortícolas se vernalicen y suban a flor de forma prematura a costa del órgano aprovechable, como en algunos cultivos de raíz, como la zanahoria, u hoja, como las lechugas.

Figura 4.2. Daños por helada en parte aérea de patata temprana
(febrero de 2013) en la huerta de Vera (Valencia)

75

b) Sumersión.

Si un cultivo ha quedado anegado por la acción de la lluvia o por acción de un riego con una copiosa lluvia posterior, el espacio poroso del suelo queda varios días lleno de agua, desplazando al aire, por lo que las raíces de las plantas no pueden respirar y mueren, afectando a la parte aérea de la planta y por tanto al rendimiento final del cultivo. La patata es un cultivo al que le afecta bastante esta fisiopatía, y otros cultivos a los que les afecta mucho las condiciones de hipoxia o anoxia son los nabos, colinabos, rábanos y boniato.

c) Granizo.

Produce daños mecánicos en la superficie de las plantas, que, si son en la parte aprovechable de la misma, es depreciada comercialmente. Muchas veces, después de una granizada conviene aplicar algún producto fungicida para evitar que sobre las heridas causadas puedan desarrollarse organismos oportunistas. Son más frecuentes en cultivos de verano pues las tormentas de granizo suelen aparecer en esta época. También causan estragos en instalaciones como invernaderos y otro tipo de plásticos para el forzado del cultivo.

d) Viento.

Si es moderado tan solo causa deshidratación en las plantas al aumentar la traspiración, pero si es excesivo puede haber, además, vuelco de plantas y caída de flores y frutos recién cuajados. Además, puede afectar a la polinización y cuajado de los frutos y destruir infraestructuras como tunelillos, plásticos de acolchado, de solarización o cañizos de entutorado de diferentes cultivos.

e) Radiación.

Puede causar, sin ser una radiación excesiva, daños en tubérculos de patata expuestos al sol, pues fotosintetizan y producen solanina que es un alcaloide tóxico. La radiación ligera también puede depreciar cultivos que necesitaban ser blanqueados como la escarola, espárrago blanco o endivia. Cuando la radiación es excesiva puede producir planchado en frutos al aire libre como en el tomate, pimiento, berenjena, melón, sandía, etc. Es importante, para prevenir el planchado en frutos, promover en las primeras fases del cultivo una gran cantidad de masa foliar que proteja luego a los frutos de la radiación excesiva. Cuando la radiación es escasa también surgen problemas, como en semilleros donde se obtienen plantas muy ahiladas y por tanto más débiles con tallos más finos. También pueden producirse ahilamientos por baja radiación en cultivos de verano en invernadero durante el otoño-invierno.

f) Humedad.

Tanto la humedad ambiental como la del suelo pueden ocasionar fisiopatías cuando son extremas (encharcamientos y sequías) o cuando se dan alternativamente. En este último caso, se producen resquebrajamientos en raíces (nabo, colinabo, rábano, zanahoria) o frutos (tomate, melón, sandía, etc.) debido a que tras un periodo de sequía aparece un periodo de mucha humedad en el suelo debido a un riego copioso o a una intensa precipitación y el fruto o raíz sufren un repentino aumento de volumen que la epidermis no es capaz de soportar.

g) Temperaturas elevadas.

Cuando se dan temperaturas por encima de ciertos límites, el cultivo se acelera, se incrementa la respiración y disminuye la tasa neta fotosintética. Como consecuencia el cultivo pierde calidad, por ejemplo, los rábanos se vuelven más picantes, en la remolacha de mesa aparecen en la raíz círculos concéntricos de diferentes tonalidades, los cultivos aprovechados por sus hojas tienen más peligro de subida a flor prematura, etc. Por otro lado, las altas temperaturas afectan negativamente al rendimiento de los cultivos aprovechados por sus frutos, ya que afecta tanto a la polinización como al cuajado de estos.

4.5.2. Carencias de elementos nutritivos

Muchas veces debidas a desequilibrios en el pH del suelo y no a la falta de nutrientes. Las más importantes son las siguientes:

a) Carencia de boro (B).

Es importante en cultivos como la zanahoria, la remolacha de mesa, los espárragos, diferentes brasicáceas, espinacas y apio. En los cultivos aprovechados por la raíz aparecen manchas gomosas en la misma con descamaciones de la epidermis.

b) Carencia de hierro, magnesio, manganeso, molibdeno, etc.

Cada una de las carencias en estos microelementos compromete el rendimiento final del cultivo y/o su calidad.

4.5.3. Otras fisiopatías importantes en horticultura

a) *Tip-burn*.

Esta fisiopatía hace que en algunos cultivos (apio, col china, lechuga, zanahoria) las puntas de las hojas más jóvenes se necrosen. No está del todo claro cuál es su causa pues pueden intervenir varios factores, aunque se cree que pueda ser debido a una mala translocación del calcio hacia los órganos en crecimiento de la planta (el calcio es muy necesario es los ápices en crecimiento y es muy poco móvil en el xilema). Las causas que pueden producir esa mala translocación son: altas temperaturas, desequilibrios hídricos, elevada salinidad y elevada fertilización nitrogenada o potásica. El *tip-burn* puede también afectar a algunos frutos en su zona apical como es el caso del tomate y el pimiento, y en este caso, se le conoce como *Blossom-End Rot* (BER).

b) Subida a flor prematura.

En cultivos cuya parte aprovechable no es el fruto o la semilla, no conviene que la planta florezca pues al hacerlo modifica las propiedades de la parte aprovechable (raíz, bulbo, hojas, etc.). La subida a flor prematura ocurre en cada especie en respuesta a unos estímulos climáticos concretos, de manejo (fertilización, fechas de siembra, etc.) y también por factores genéticos. Por ejemplo:

- En cebolla: Es común la subida a flor al acumular temperaturas bajas y haber fotoperiodos largos. Pero también al adelantar las siembras o el exceso de abonado nitrogenado o de riegos.

- En zanahoria: Por exposición a bajas temperaturas. Por ejemplo, hay cultivares que suben a flor si durante 15 días las temperaturas se sitúan entre los 4-10 ºC. Cuando la zanahoria se sube a flor los tejidos de la raíz se lignifican por lo que se deprecian comercialmente. La zanahoria y algunos otros cultivos tienen lo que se llama una subida a flor genética que quiere decir que un pequeño porcentaje de las semillas darán lugar a plantas que subirán a flor independientemente de otros factores.

- En lechuga: Se suben a flor sobre todo influenciadas por un fotoperiodo largo.

c) Bifurcación y deformación de raíces.

Ocurre en cultivos aprovechados por la raíz cuando se cultivan en terrenos pedregosos o incluso en los que son demasiado sueltos. Las raíces en crecimiento encuentran algún impedimento y se bifurcan o simplemente se deforman. Es una fisiopatía clásica en zanahoria (Figura 4.3).

Figura 4.3. Raíz de zanahoria bifurcada

4.6. Cuestiones

Conteste a las siguientes cuestiones razonando la respuesta:

1. A la Tabla 4.1 del tema, que es ya antigua (1991), ¿le añadiría usted algunas malas hierbas más que parecen ahora preocupantes?

2. Liste las malas hierbas que aparezcan en los cultivos hortícolas de la zona de origen de cada alumno.

3. ¿Cuáles son los métodos de control de malas hierbas en los cultivos hortícolas de la zona de origen de cada alumno?

4. ¿Están autorizados a fecha de hoy los desinfectantes químicos del suelo?

5. Busque en el Registro de Productos Fitosanitarios del Ministerio de Agricultura, Pesca y Alimentación de España los productos herbicidas autorizados hoy en el cultivo de la lechuga.

6. Busque en el Registro de Productos Fitosanitarios del Ministerio de Agricultura, Pesca y Alimentación de España los productos insecticidas autorizados hoy en el cultivo de la alcachofa.

7. Busque en el Registro de Productos Fitosanitarios del Ministerio de Agricultura, Pesca y Alimentación de España los productos fungicidas autorizados hoy en el cultivo de la remolacha de mesa.

8. Indique los plazos de seguridad de los productos encontrados en las preguntas 5, 6 y 7.

9. ¿Eliminaría usted el uso de productos fitosanitarios de síntesis en agricultura?

10. ¿Cuál es el último virus detectado en la zona de cultivos hortícolas de la provincia de Almería? ¿A qué cultivos afecta y cómo se trasmite?

11. ¿Cómo podría prevenirse la fisiopatía conocida como *tip-burn* en lechuga?

5

Recolección y conservación

5.1. Introducción

Este tema tratará sobre la operación de recolección del cultivo, de sus diferentes formas de hacerlo dependiendo de la tipología de la especie cultivada y de las condiciones de conservación de la cosecha antes de su comercialización.

5.2. Recolección del cultivo

5.2.1. Momento de realización de la cosecha

La decisión del momento de recolección es clave, el agricultor/técnico debe ir previendo ese momento con antelación. La fecha exacta va a depender de algunos factores, como puede ser:

a) Disponibilidad de maquinaria recolectora en caso de recolección mecanizada. Muchas veces los agricultores encargan esta labor a empresas de servicios que disponen de cosechadoras.

b) Disponibilidad de mano de obra en caso de recolección manual o mecanizada que incluso conlleve procesado parcial en campo.

c) Climatología, que puede ser adversa en la fecha programada, normalmente por lluvias abundantes que impiden la entrada en el campo de las cosechadoras. Por ejemplo, el cultivo de la chufa se recolecta en el mes de noviembre, siendo frecuentes las lluvias en esta época, llegándose a atrasarse algunos años la recolección de este cultivo hasta incluso los primeros meses del siguiente año.

Pero sobre todo depende del momento en que la parte cosechada de la planta está en su óptimo de recolección. Muchas veces son signos externos de la planta los que ayudan a tomar la decisión y otras veces son muestreos del fruto, tubérculo, bulbo, etc. y posterior análisis de este o simplemente su calibre lo que ayuda a la toma de decisión.

Algunos ejemplos de signos externos en la planta que ayudan a decidir el momento de la recolección son:

a) En el cultivo de la cebolla, el bulbo está maduro cuando las 2 a 3 hojas externas están ya secas.

b) En el caso del ajo, está listo para cosecharse cuando la parte aérea comienza a desecarse.

c) En la patata, la parte aérea se empieza a secar y en paralelo, los tubérculos empiezan a desprenderse de los estolones.

d) El cultivo del boniato está listo para recolectarse cuando las hojas empiezan a amarillear o a caer. Otro síntoma que muestra el boniato es que cuando se corta su pulpa ya no segrega látex.

e) En el melón, hay una serie de signos importantes como la aparición de una grieta circular en la base del pedúnculo, el marchitamiento de la primera hoja sobre el fruto, etc.

f) En la calabaza, el fruto ha de cosecharse en madurez completa que se alcanza cuando empieza a virar de color hacia el anaranjado con la corteza firme y consistente.

g) En la berenjena el fruto presenta un aspecto brillante, color uniforme y la pulpa tiene un color blanquecino uniforme con un pequeño reblandecimiento en la zona del cáliz.

h) En las habas tiernas, la recolección se realiza cuando las vainas han alcanzado las tres cuartas partes de su longitud normal.

i) La remolacha de mesa se recolecta cuando ha adquirido un calibre (diámetro de la raíz) o un peso determinado. Por ejemplo, hay variedades que se recolectan con un diámetro de 3 a 6 cm y con un peso entre 100 a 300 g.

En otras ocasiones se realizan ciertos análisis que determinan la calidad de la parte cosechada en muestras escogidas en campo. Son ejemplos los siguientes:

a) Determinación de azúcares en frutos mediante refractómetros (se determinan los grados Brix). Es una medida de mucha importancia que incluso determina el momento de recolección según la tipología de la especie cultivada: Por ejemplo, en melones depende de si es tipo Galia, Cantalupo, Amarillo, Piel de sapo, etc.

b) Determinación de la dureza de las semillas del guisante mediante tenderómetros (se determinan los grados tenderométricos que tienen que ver con la dureza).

c) Determinación de la firmeza en fresa mediante el uso de penetrómetros.

d) Determinación del color en fresa mediante el uso de escalas colorimétricas visuales.

En algunas épocas del año, es también importante el momento del día en que se recolectan, sobre todo en épocas de mucho calor o cultivo en invernadero. En este caso, las hortalizas aprovechadas por sus hojas como las verduras orientales, conviene recolectarlas en las primeras horas del día, pues en las horas intermedias del día las plantas ya recolectadas transpiran demasiado y pueden desecarse con facilidad.

5.2.2. Posible escalonamiento de la cosecha

Hay también que tener en cuenta que la recolección no siempre se realiza de una sola pasada. Las especies hortícolas aprovechadas por sus frutos presentan una floración escalonada (tomate, pimiento, berenjena, fresa, judía, guisantes, habas tiernas y cucurbitáceas) y por tanto la fructificación también es escalonada. En estos casos la recolección, al ser escalonada, se realiza además a mano, siendo la calidad del fruto mucho mayor pues no sufren daños en el proceso de recolección mecanizada. En el caso del tomate destinado a industria, la recolección es mecanizada, no importa demasiado la estética del fruto pues una vez en la central hortofrutícola, éste es triturado o pelado. Las variedades de tomate que se usan para este fin tienen la floración muy solapada y piel muy firme para aguantar el transporte.

En el tomate para fresco bajo invernadero, si se hace ciclo corto (agosto a febrero incluidos), la recolección se escalona entre mediados de noviembre y finales de febrero y se suelen recolectar de 10 a 15 ramilletes de tomates por planta. En cambio, cuando se hacen ciclos largos, la planta se mantiene hasta finales de junio, recolectándose entonces hasta 20 ramilletes por planta. Otra opción es la de hacer ciclo corto, pero primaveral, más típico de zonas como el litoral valenciano (El Perelló) que en Almería. En este caso la siembra se realiza a inicios de noviembre, el trasplante a finales de diciembre y la recolección se escalona entre el mes de marzo a finales de mayo. La frecuencia de recolección suele ser de 1 a 2 veces por semana incluso a veces 3.

En el caso del pimiento bajo invernadero (Figura 5.1), los ciclos del cultivo suelen ser parecidos al tomate de ciclo corto, quizás no se hace el ciclo corto de primavera. La diferencia es que la recolección no es tan escalonada como en el tomate, suelen realizarse de 3 a 5 recolecciones en el ciclo, dependiendo del tipo de pimiento. Así, el pimiento «california» amarillo al tener una consistencia más blanda se recolecta más veces (4 a 5 veces por ciclo), que el rojo (3 veces en el ciclo). El pimiento «lamuyo» (forma rectangular) y el italiano (forma cónica) se recolectan de 4 a 5 veces en todo el ciclo.

El caso de la berenjena es intermedio entre el tomate y el pimiento, suelen realizarse de 6 a 7 pases de recolección en todo su ciclo.

En las cucurbitáceas bajo invernadero, el pepino y el calabacín, entre los meses de abril y mayo, se recolectan casi diariamente pues no es conveniente que sus semillas se desarrollen demasiado y si no se recolectan quedan los frutos muy marcados por las mismas.

Las otras 2 cucurbitáceas cultivadas bajo techo, melón y sandía, tiene un ciclo primaveral (trasplante en diciembre y recolección sobre todo en el mes de mayo) y se dan unas 3 cosechas. La primera a inicios de mayo con un 50 % de la cosecha final, la segunda (25 %) al cabo de 1 semana y la tercera (25 %) al cabo de otra semana.

Figura 5.1. Pimientos recolectados en invernadero en Almería

5.2.3. Procesado en campo

Hay algunas hortalizas que ya en campo tienen un pequeño procesado o manipulación, bien sea mediante la eliminación de hojas externas y viejas de la especie cultivada, como ocurre con las cebollas tiernas, las coles-repollo o las verduras orientales, o bien sea envolviendo el producto en un *film* plástico o encajando en campo, como en el caso del bróculi, la coliflor o el pepino holandés.

La cebolla seca, hay que dejarla unos días hilerada en campo para que sus hojas externas se doren, es decir se sequen del todo, lo que ayudará a la conservación de las interiores en el almacén.

5.2.4. Forma de recolección

Ya se ha comentado que puede ser a mano o mecanizada.

En berenjena los pedúnculos se cortan a 2-3 cm por encima del cáliz. En alcachofa se dejan unos 4 a 6 cm del tálamo floral, incluso a veces una hoja. La cebolla tierna se recolecta con parte de las hojas que se atan en manojos, la coliflor también y así se protegen durante el manipulado y transporte. En el apio (Figura 5.2) se realizan 2 cortes a mano en el campo, uno para separarlo de la raíz y otro para eliminar la parte alta de los limbos foliares, etc., cada cultivo se suele comercializar de una forma concreta.

Figura 5.2. Recolección manual del apio en Villena (Alicante)

La recolección mecanizada depende de la tipología del cultivo hortícola. Hay que diferenciar los siguientes casos:

a) Las hortalizas de raíz (zanahoria, nabo, rábano, chirivía, remolacha, etc.): Un primer elemento de la máquina recolectora se introduce en forma de cuña a cada lado de la hilera de las raíces de manera que éstas son empujadas hacia arriba y van emergiendo al ser pinzadas por las hojas y son hileradas para posterior carga. Suele haber un elemento que siega también las hojas. Hay veces que la zanahoria se comercializa con hoja por lo que no se siega la parte aérea y las hojas son pinzadas y elevadas en el momento de la recolección hacia arriba por lo que no son depositadas en el suelo. En el caso de los puerros ocurre lo mismo: arrancado + pinzado y carga.

b) La patata: En este caso, se pretende que los tubérculos estén agrupados dentro del caballón en el mínimo espacio posible para que la máquina recolectora no tenga que trabajar con un volumen de suelo demasiado elevado. Primero la máquina pasa una cuchilla por debajo de los tubérculos alzando todo el suelo junto con las plantas y por medio de sacudidas, la planta y los terrones de suelo van desprendiéndose de los tubérculos que son elevados y almacenados.

c) La cebolla: La cosechadora pasa primero una cuchilla que separa las raíces del bulbo que queda solo con la parte aérea. Posteriormente la parte aérea se elimina (normalmente a mano) y las cebollas permanecen hileradas en campo (Figura 5.3).

Figura 5.3. Cebolla recolectada e hilerada en campo. Horta Nord de Valencia

d) La chufa: En este caso la cosechadora tamiza el caballón entero donde se encuentran los tubérculos. Previamente la parte aérea se ha secado con un herbicida y quemada posteriormente con fuego. El herbicida que hasta hace pocos años se ha usado para este fin se llamaba diquat, era un herbicida muy eficaz, pero se prohibió en diciembre de 2019. Hoy en día se experimenta con otros herbicidas como carfentrazona o piraflufen-etil, pero con resultados no tan buenos.

e) El tomate de industria: La máquina cosechadora suele ser de una sola línea, que corta en primer lugar el tallo a ras del suelo y eleva la planta, separando luego el tomate de la planta mediante sacudidas.

f) Las hortalizas de hoja: Las máquinas recolectoras simplemente pasan una cuchilla por el suelo que separa la parte aérea (aprovechable) de las raíces y la eleva. Posteriormente unos operarios eliminan las hojas externas y las envuelven mediante *films* plásticos (no siempre) y encajan.

g) El espárrago verde: El operario va sentado en un prototipo mecánico que avanza a la velocidad que él quiere a medida que va cortando manualmente y con tijera cada tallo, aunque también se realiza la recolección totalmente manual sin uso de ningún tipo de maquinaria.

h) El espárrago blanco: Unos operarios quitan a diario el plástico negro que cubre el caballón y deja ver las puntas blancas de los tallos que quieren emerger del caballón. Otros operarios, con ayuda de una herramienta especial, van cortando los espárragos desde su base a razón de unos 3000 al día y posteriormente se vuelve a colocar el plástico negro para que no penetre la luz en el suelo del caballón, donde ya se están desarrollando los espárragos que se recolectarán los siguientes días.

5.3. Transporte

Durante el transporte, el cultivo ha de sufrir los menores daños posibles, aunque claro, hay diferencia según el tipo de hortaliza recolectada. Así, los cultivos de raíz, bulbo y tubérculo pueden ser transportados sin mucho miramiento, en remolques o sacos grandes (*big-bags*), etc. (Figura 5.4). En cambio, los cultivos aprovechados por sus hojas o frutos, hay que cuidarlos más y van en cajas de mayor o menor tamaño que en algunos casos pueden ser ya las cajas definitivas (algunas verduras orientales, lechuga, coliflor, brócoli, etc.) y en otros no, pues el producto ha de pasar por un procesado en la central hortofrutícola.

Figura 5.4. Patata recolectada y ensacada en *big-bags* en L'Horta Nord (Valencia)

5.4. Procesado

Casi todos los productos pasan en primer lugar por un proceso de limpieza con agua (Figura 5.5) donde se elimina, sobre todo, la tierra que aun llevan adherida. Es el caso de los cultivos de raíz o del puerro. Muchas veces, si el procesado no es inmediato, se almacenan en salas refrigeradas para que la velocidad de deterioro del producto no sea elevada. Normalmente suele cosecharse un volumen de cultivo acorde con el volumen de cultivo que puede ser procesado, envasado y comercializado en un periodo de tiempo concreto.

Figura 5.5. Zanahoria en la línea de limpieza de una central hortofrutícola en Villena (Alicante)

Posteriormente, el producto suele pasar a un lugar donde se realiza una selección del producto (Figura 5.6), eliminando aquellos que son deformes, pequeños, fuera de tipo, etc., es decir, una primera evaluación de la calidad.

Posteriormente, los productos comercializables se clasifican en tamaños y calibres, y se envasan dependiendo del destino final: geográfico o de aprovechamiento. Por ejemplo, el puerro puede ser comercializado como piezas individuales y parte de su hoja cuando son piezas grandes, mientras que, si son piezas pequeñas, se pelan y trocean para meterlos en bandejas de polietileno junto con otras verduras.

Figura 5.6. Procesado del puerro en central hortofrutícola en Villena (Alicante)

5.5. Conservación

La pre-refrigeración del puerro en sacos de polietileno mejora la conservación. Los espárragos se conservan mejor en condiciones controladas de CO_2 en una atmósfera con un contenido del 13 al 15 %. A la lechuga le conviene un preenfriamiento por vacío antes de empezar con las condiciones definitivas de conservación, etc., pero lo realmente importante son las condiciones de temperatura y humedad que necesita cada producto cosechado para poder ser almacenado durante el mayor tiempo posible. En la Tabla 5.1 se exponen las condiciones óptimas de conservación de diferentes productos hortícolas.

Hay que tener en cuenta que la única especie hortícola climatérica es el tomate. Esto quiere decir que es la única especie hortícola que una vez cosechada sigue madurando, razón por la cual muchas veces se recolectan e incluso comercializan verdes para que luego duren más en manos del consumidor.

Tabla 5.1. Condiciones de conservación de productos hortícolas.
Fuente: Maroto, 2002

Cultivo	Condiciones de conservación		
	Temperatura (ºC)	Humedad relativa (%)	Tiempo
Nabo	0	90–95	4 a 5 meses
Colinabo	0	90–95	4 a 5 meses
Rábano	0	90–96	3 a 4 semanas
Zanahoria	0	90–95	2 a 3 meses
Chirivía	2	-	Unos 2 meses
Remolacha	0	90–95	1 a 3 meses
Batata	11–15	80–85	Varios meses
Patata*	4–6	85–90	Hasta 8 meses*
Chufa	Mantener en lugar fresco y seco		
Cebolla	1	85	16 a 32 semanas
Ajo	-1,5–0	70–75	6 a 8 meses
Puerro	0–1	90 -95	1 a 3 meses
Espárrago	2–3	95	
Col repollo	0–1	85–90	Según tipos
Col de Bruselas	0–1	85–90	
Col china	0–1	90–95	3 a 4 semanas
Lechuga	0–1	90–95	2 a 4 semanas
Escarola	0–1	90–95	2 a 4 semanas
Endivia	2–4	90	
Espinaca	-1–0	90–95	2 semanas
Acelgas	0	90	10 a 12 días
Apio	0–1	90–95	Varias semanas a meses
Alcachofa	0–1	90–95	15 a 30 días
Coliflor	0–1	85–90	3 a 6 semanas
Bróculi	0	90–95	Hasta 3 semanas
Tomate**	5–12	95	10 a 15 días
Berenjena	4–6		7 días
Pimiento	0	87–90	4 a 5 semanas
Melón***	2–10	80	3 semanas
Pepino	7–10	90–95	10 a 14 días

(continúa)

(continuación)

Cultivo	Condiciones de conservación		
	Temperatura (ºC)	Humedad relativa (%)	Tiempo
Sandía	2–4	85–90	25 días
Calabacín	0–4	85–90	2 a 6 semanas
Calabaza	8–12		Varios meses
Fresa	0	85–90	
Judía verde	2	Superior al 85 %	
Guisante	1	85	
Haba	0–1	85–95	

* En la patata, es muy dependiente de si es patata temprana, tardía de consumo o tardía para semilla. El tiempo de conservación también es muy variable según casuística.

** En el tomate, depende de si se ha hecho la recolección en verde maduro o en rojo pintón, etc.

*** En los melones cantalupos, la temperatura de conservación es de 2 ºC, mientras que para el resto de los cultivares la temperatura de conservación puede ser de 5-12 ºC.

5.6. Control de calidad

Además del control inicial de calidad antes mencionado en el apartado de procesado del cultivo, se exponen dos controles muy concretos y a la vez importantes que se realizan en los cultivos hortícolas:

5.6.1. Acumulación de nitratos en hoja.

El control de la cantidad de nitratos acumulada en hojas de algunas hortalizas aprovechadas por sus hojas (espinacas, lechuga, acelga) es muy importante. La razón es que los nitratos en el estómago humano se reducen a nitritos que interfieren con la hemoglobina transportada por la sangre y pueden producir cianosis, que es una enfermedad grave en bebés, y estos cultivos tienen una especial facilidad por la acumulación de nitratos en hoja. Hay que recordar que estas hortalizas muchas veces se incorporan en alimentos infantiles. Todas aquellas prácticas agrícolas que influyan en que las hojas recolectadas de estas hortalizas presenten altos niveles de nitratos en hoja deberían limitarse. También influyen las condiciones climáticas, sobre todo la iluminación. Hay que evitar las siguientes situaciones:

a) Exceso de fertilización nitrogenada.

b) Aplicaciones tardías de nitrógeno y sobre todo de forma nítrica.

c) Cultivo en invernadero (poca iluminación).

d) Recolecciones en otoño tardío e invierno (poca iluminación).

e) Mala conservación de productos elaborados (por ejemplo: purés).

Hay una legislación europea que regula el límite máximo de nitratos que pueden contener los diferentes cultivos hortícolas, exponiéndose en la Tabla 5.2 los más importantes en este aspecto que son la lechuga y espinaca.

Tabla 5.2. Límites máximos de nitratos en hoja de espinaca y lechuga.
Fuente: Unión Europea, 2023

Cultivo	Época de recolección	Tipo y forma de cultivo y/o consumo	Límite máximo (mg NO_3^-/kg)
Espinaca	-	Fresca	3500
	-	Conserva, congelada, etc.	2000
Lechuga	1 octubre al 31 marzo	Invernadero	5000
		Aire libre	4000
	1 abril al 30 septiembre	Invernadero	4000
		Aire libre	3000

5.6.2. Residuos de productos fitosanitarios

Otro tema importantísimo es el control de residuos de productos fitosanitarios en las hortalizas comercializadas. Cuando se aplica un producto químico hay que tener muy presente el plazo de seguridad de este, que indica los días que hay que esperar desde la aplicación hasta la recolección. En la Tabla 5.3 se expone el plazo de seguridad de diferentes productos fitosanitarios.

Tabla 5.3. Plazo de seguridad de algunos productos fitosanitarios en cultivos hortícolas

Producto fitosanitario		Cultivo	Plazo de seguridad (días)
Materia activa	Tipo		
Clorpirifos* (25 %)	Insecticida	Berenjena	10
		Cebolla	28
Pirimicarb (10 %)	Insecticida	Acelga	7
		Cucurbitáceas	3
Fluazifop-p-butil (12,5 %)	Herbicida	Hortícolas	21
2,4-D (60 %)	Herbicida	Espárrago	No presenta
Metalaxil (25 %)	Fungicida	Coliflor	21
		Col repollo	21
Hexatiazox (10 %)	Acaricida	Cucurbitáceas	7

* Fecha fin de venta en España: 16 abril de 2020

En la Tabla 5.3, puede observarse como el herbicida 2,4-D en el cultivo del espárrago no presenta plazo de seguridad. Esto es debido a que cuando se usa este producto es en la fase de vegetación del cultivo, cuando los brotes ya han sido recolectados y aún quedan unos 10 meses hasta la siguiente cosecha de este cultivo perenne que suele durar en campo unos 10-12 años.

5.7. Cuestiones

Conteste a las siguientes cuestiones razonando la respuesta:

1. Averigüe signos externos que indique que las sandías están listas para ser cosechadas.
2. Liste cultivos hortícolas que se recolecten de una sola pasada.
3. Indique qué cultivos hortícolas presentan un mayor periodo de recolección.
4. Averigüe los grados Brix recomendados para la recolección de los diferentes tipos de melones.
5. Averigüe qué parámetros de calidad se determinan a la hora de comercializar los fresones.
6. ¿Existen diferencias en el momento de recolección de los diferentes tipos de judías verdes (perona, boby, tabella, ferraúra, etc.)?
7. Averigüe qué herbicida se utiliza hoy en día para secar el cultivo de la chufa.
8. ¿Hasta qué fecha podría retrasarse la recolección de la chufa en L´Horta Nord de la ciudad de Valencia?
9. ¿Cuánto duran los cultivos de IV gama embolsados en los lineales de los supermercados?
10. ¿Por qué no presenta plazo de seguridad el herbicida 2,4-D en el cultivo del espárrago?

Bibliografía

Cajamar. (2005). *Dosis de riego para los cultivos hortícolas bajo invernadero en Almería*. (2ª ed.). Estación experimental de Cajamar «Las Palmerillas».

Cajamar. (2015). Patata. Dosis orientativa de riego. *Boletín El Huerto, 62*. [Documento PDF]. Recuperado en enero de 2025, de https://www.cajamar.es/storage/documents/boletin-huerto-62-1496052540-65cfb.pdf

FEPEX (Federación Española de Asociaciones de Productores Exportadores de Frutas y Hortalizas). (2024). *Macromagnitudes alimentarias*. Recuperado el 11 de noviembre de 2024, de https://www.fepex.es/datos-del-sector/macromagnitudes-agroalimentarias

García Torres, L. y Fernández-Quintanilla, C. (1991). *Fundamentos sobre malas hierbas y herbicidas*. Ed. Mundi-Prensa.

García-Serrano, P., Lucena, J.J., Ruano, S. y Nogales, M. (2010). Abonos y materias orgánicas. En: *Guía práctica de la fertilización racional de los cultivos en España (Parte-I)*. Ed. Ministerio de Medio Ambiente y Medio Rural y Marino.

González Benavente-García, A. y López Marín, J. (2003). La lechuga en la región de Murcia y otras comunidades autónomas. *Serie Técnicas y de Estudios*, 24. Ed. Consejería de Agricultura, Agua y Medio Ambiente de la Región de Murcia.

Lao, M.T. y Jiménez, S. (2002). Los suelos enarenados en el sureste español. *Vida Rural*. Noviembre, 42-44.

Marín Rodríguez, J. (2023). *Portagrano*. Edición XIX.

Maroto Borrego, J. V. (2002). *Horticultura Herbácea Especial*. Ediciones Mundi-Prensa.

Martínez Cobo, A. (2004). Necesidades hídricas en cultivos hortícolas. *Horticultura*, 177, 34-40.

Miguel, A. y Martín, M. (2007). *El injerto de hortalizas*. Ed. Ministerio de Agricultura, Pesca y Alimentación.

Ministerio de Agricultura, Pesca y Alimentación (MAPA). (2024). *Anuario de Estadística Agrícola 2023*. Recuperado el 11 de noviembre de 2024, de https://www.mapa.gob.es/es/estadistica/temas/publicaciones/anuariode-estadistica/2023/default.aspx.

Ministerio de Agricultura, Pesca y Alimentación (MAPA). (2024). *Registro de Productos Fitosanitarios*. Recuperado en noviembre de 2024, de https://www.mapa.gob.es/es/agricultura/temas/sanidad-vegetal/productos-fitosanitarios/registro-productos/

Osca Lluch, J. M. (2007). *Cultivos Herbáceos Extensivos: Cereales*. Editorial Universitat Politècnica de València.

Pina Lorca, J.A. (2008). *Propagación de plantas*. Editorial Universitat Politècnica de València.

Ramos, C. y Pomares, F. (2010). Abonado de los cultivos hortícolas. En: *Guía práctica de la fertilización racional de los cultivos en España (Parte-II)*. Ed. Ministerio de Medio Ambiente y Medio Rural y Marino.

Reche Marmol, J. (1998). Poda de hortalizas en invernadero. *Hojas Divulgadoras*, 2094 HD. Ed. Ministerio de Agricultura, Pesca y Alimentación.

Rincón Sánchez, L. (2005). *La fertirrigación de la lechuga Iceberg*. Ed. Consejería de Agricultura y Agua de la Región de Murcia.

Rodríguez, J.J. y Garnica, J.J. (2009). Patata en aspersión. *Navarra Agraria*, 176, 41-42.

Unión Europea. (2023). *Reglamento 2023/915 de la Comisión, de 25 de abril de 2023, relativo al contenido máximo de determinados contaminantes en los alimentos*. http://data.europa.eu/eli/reg/2023/915/oj

Vyrsa. (2015). Recuperado el 28 de abril de 2015 (no disponible en enero de 2025), de http://www.vyrsa.com/media/95932/Patata%20VYR.pdf

Zapata, M., Bañón, S. y Cabrera, P. (1992). *El pimiento para pimentón*. Ed. Mundi-Prensa.